图解装配式混凝土建筑
设计与施工必知节点

伍孝波　吴宵翔　何长黎　编著

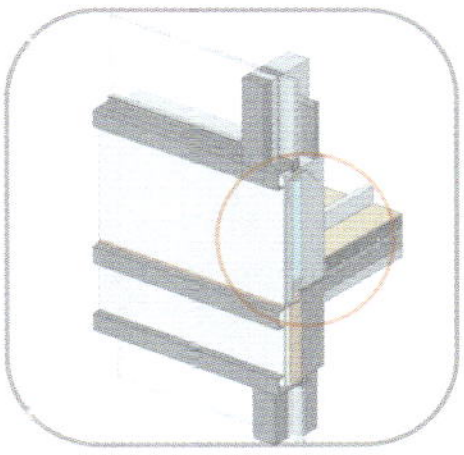

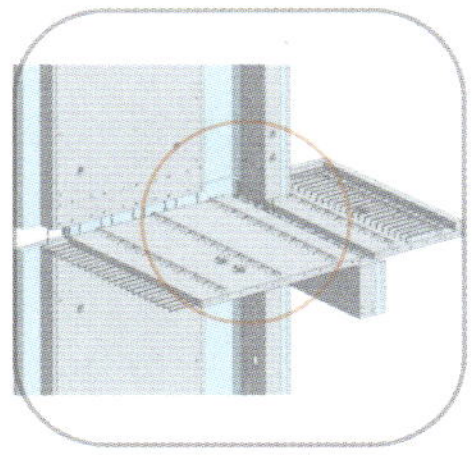

化学工业出版社

·北京·

内容简介

本书立足于国家大力发展装配式建筑的战略背景，以节点构造为技术纽带，系统化串联设计、生产、施工全流程，破解装配式建筑“系统性割裂”的行业痛点。通过可视化技术图谱（详图＋透视＋动画）与全专业协同视角，为从业者提供从理论认知到实操落地的全链条解决方案。本书共6章，全方位、不同角度系统全面地介绍了建筑、结构及机电各专业关键节点，以及包括模具精度控制、构件存放、点位预埋、构件吊装、外架支撑体系等生产施工专属节点，从技术策划→方案设计→加工生产→现场安装，揭示节点技术在设计前置性、生产精度、施工可靠性中的核心作用，建立“设计即制造”的一体化思维。同时，本书重点节点嵌入视频动画二维码，读者可以扫码观看透视拆解图，通过纸媒与数字的融合，实现技术载体的升级。

本书既可作为建筑设计及构件深化设计人员深化节点构造的工具手册，也可为施工技术人员提供工艺指导，同时适合作为高校土木工程专业实践教材使用。

图书在版编目（CIP）数据

图解装配式混凝土建筑设计与施工必知节点 / 伍孝波，吴宵翔，何长黎编著. -- 北京 ：化学工业出版社，2026. 1. -- ISBN 978-7-122-49427-6

Ⅰ. TU37-64；TU755-64

中国国家版本馆CIP数据核字第2025WN9160号

责任编辑：彭明兰　　文字编辑：连思佳
责任校对：王鹏飞　　装帧设计：韩　飞

出版发行：化学工业出版社
（北京市东城区青年湖南街13号　邮政编码100011）
印　　装：北京瑞禾彩色印刷有限公司
787mm×1092mm　1/16　印张13½　字数321千字
2026年2月北京第1版第1次印刷

购书咨询：010-64518888　　售后服务：010-64518899
网　　址：http://www.cip.com.cn
凡购买本书，如有缺损质量问题，本社销售中心负责调换。

定　　价：99.00元

前言

随着全球建筑行业向工业化、绿色化、智能化方向加速转型，装配式建筑作为建筑工业化的重要载体，近年来在政策推动和技术进步的双重驱动下实现了快速发展，其标准化程度高、施工周期短、绿色环保等优势在住宅、公共建筑等领域得到规模化应用，展现出良好的市场前景和社会效益。在我国“双碳”目标的引领下，国务院、住房和城乡建设部等相继出台《关于大力发展装配式建筑的指导意见》（国办发〔2016〕71号）、《“十四五”建筑业发展规划》（建市〔2022〕11号）等政策文件。《关于大力发展装配式建筑的指导意见》中明确提出：“力争用10年左右的时间，使装配式建筑占新建建筑面积的比例达到30%。”《“十四五”建筑业发展规划》提出：“到2035年，建筑业发展质量和效益大幅提升，建筑工业化全面实现，建筑品质显著提升，企业创新能力大幅提高，高素质人才队伍全面建立，产业整体优势明显增强，‘中国建造’核心竞争力世界领先，迈入智能建造世界强国行列，全面服务社会主义现代化强国建设。”装配式建筑技术迎来了发展的良好时机，装配式建筑体系也在不断发展和完善。

然而，如何实现从设计到施工的全流程精准管控，尤其是如何对节点构造这一核心问题实现精准管控，仍是行业亟需突破的痛点。在装配式建筑中，节点不仅是构件连接的物理载体，更是信息传递、质量控制、成本管控的关键枢纽。传统建设流程中，设计、生产、施工环节的割裂往往导致节点构造“纸上谈兵”，设计师的二维图纸难以指导工厂精准预埋，生产误差又造成现场被迫返工。在实践过程中，部分项目的节点连接做法存在设计不清晰、工艺标准不统一等问题，导致构件连接部位的可靠性存疑，可能引发结构体系协同性不足、抗震性能削弱或耐久性下降等隐患。例如，梁柱节点、墙板接缝等关键部位若缺乏精细化设计或施工偏差控制不当，易造成应力集中、渗漏等问题，甚至可能引发质量安全事故。

本书立足于建筑全生命周期视角，聚焦“节点”这一串联设计、生产、施工的关键要素，对装配式混凝土建筑进行了系统的梳理。通过建立“节点全流程管控模型”，首次将设计深化阶段的碰撞检测、生产阶段的公差累积分析、施工阶段的装配可行性验证纳入统一技术框架。在节点解析维度上，本书独创的“三维引导、二维深化”方法论，对建造逻辑进行数字化解构。例如，在预制剪力墙水平连接节点设计中，既需三维模型展示灌浆打灰的立体路径，又要通过二维工艺图标注灌浆料流动度、封堵措施等关键参数，更需在生产环节设置模具定位误差的管控节点，最终实现‘一张图纸贯通产业链”的技术突破。通过BIM模型剖切、爆炸等可视化手段，使复杂的装配逻辑变得直观可感，二维图纸则聚焦工业化建造的精度控制。

通过构建上述技术体系，本书实现了以下三大创新。

第一，以节点为纽带打通产业链数据流，建立“正向设计—误差溯源—工艺优化”的闭环机制。

第二，通过多维技术表达破解“三维想象不足、二维理解偏差”的认知困境。

第三，将生产环节纳入质量管控主干线，从根本上提升装配式建筑的整体性。

这些探索不仅为从业人员提供了可复用的技术工具，更试图在建筑工业化转型中，勾勒出一条具有中国特色的技术演进路径。

装配式建筑是系统性工程，《装配式混凝土建筑技术标准》（GB/T 51231—2016）把装配式建筑分为四个系统，包括结构系统、外围护系统、设备与管线系统、内装系统。这四大系统协同作用，共同构成建筑的功能与安全体系。通过系统化设计实现标准化设计、工厂化生产和装配化施工。其中，内装系统在化学工业出版社出版的《图解装配式装修设计与施工（微视频教学）》一书中，通过图解和微视频教学的方式，从对部品的构造分析到设计、生产、施工、验收等全产业链的角度深度剖析装配式装修，并结合实际案例进行应用解读。因此，本书重点对结构系统、外围护系统、设备与管线系统相关内容进行介绍。

目前装配整体式剪力墙结构体系主要包含套筒灌浆体系和纵肋叠合剪力墙体系、EMC预制空心叠合剪力墙体系、EVE 空心板叠合剪力墙体系及 SPCS 钢筋笼叠合剪力墙体系等叠合类剪力墙体系两大类。考虑到不同体系之间的主要区别在于竖向钢筋节点的连接方式，故本书在对结构系统中相关节点的介绍中以纵肋叠合剪力墙体系为主，其他体系的节点做法也可参考此做法。

另外，书中除常规建筑设计构造节点外特别增设“装配式混凝土生产节点和施工节点”相关章节，填补了传统图书中构件制造环节的技术空白，形成“设计—生产—施工”的全链条知识闭环。书中数百幅原创节点图示，均已经过实际工程验证，并标注了关键控制参数。

全书内容共分 6 章。第 1 章从宏观视角解析装配式建筑的发展脉络与技术特征，帮助读者建立装配式系统的认知及节点在不同设计阶段的重要性；第 2 章聚焦外围护系统、水平系统等构造节点，揭示装配式建筑节点的构造特点；第 3 章深入讲解梁柱连接、叠合板接缝等结构节点，强化装配式结构节点的安全性和可靠性；第 4 章结合装配式建筑的特点，根据管线分离和跨专业高度集成原则，对户型内部给排水、暖通和电气专业的设备管线重要路由和节点进行梳理；第 5 章创新性构建构件模具设计、钢筋预埋等生产环节的质量控制节点；第 6 章通过梳理施工吊装、临时支撑、灌浆等现场节点，剖析工业化建造的工艺要点。

特别声明，本书所有节点图仅为示意图，不代替各类标准图，也不具有相关法律效力。在项目实施过程中，不可直接采用本书所示节点，具体做法与配筋等事项，须由设计人员等专业技术人员确认后方可实施。若直接采用本书所示节点，造成的后果与本书及作者无关。

最后，特别感谢身边同事对本书提供的技术支持，让本书得以在工程实践与理论创新之间架起桥梁。也特别感谢在本书编写过程中给予意见的各位专家。由于作者时间和能力有限，书中难免存在疏漏之处，恳请各位读者批评指正。期待本书能成为装配式建筑从业者的案头指南，为推动行业标准化进程贡献绵薄之力。

编著者谨识

2025 年秋

目录

第1章 概述

1.1 装配式建筑的概念

装配式建筑是指由预制部品部件在工地装配而成的建筑。从结构形式来说，装配式建筑可分为装配式混凝土建筑、装配式钢结构建筑和装配式木结构建筑等。装配式建筑是工业化建筑的重要组成部分（图 1-1）。

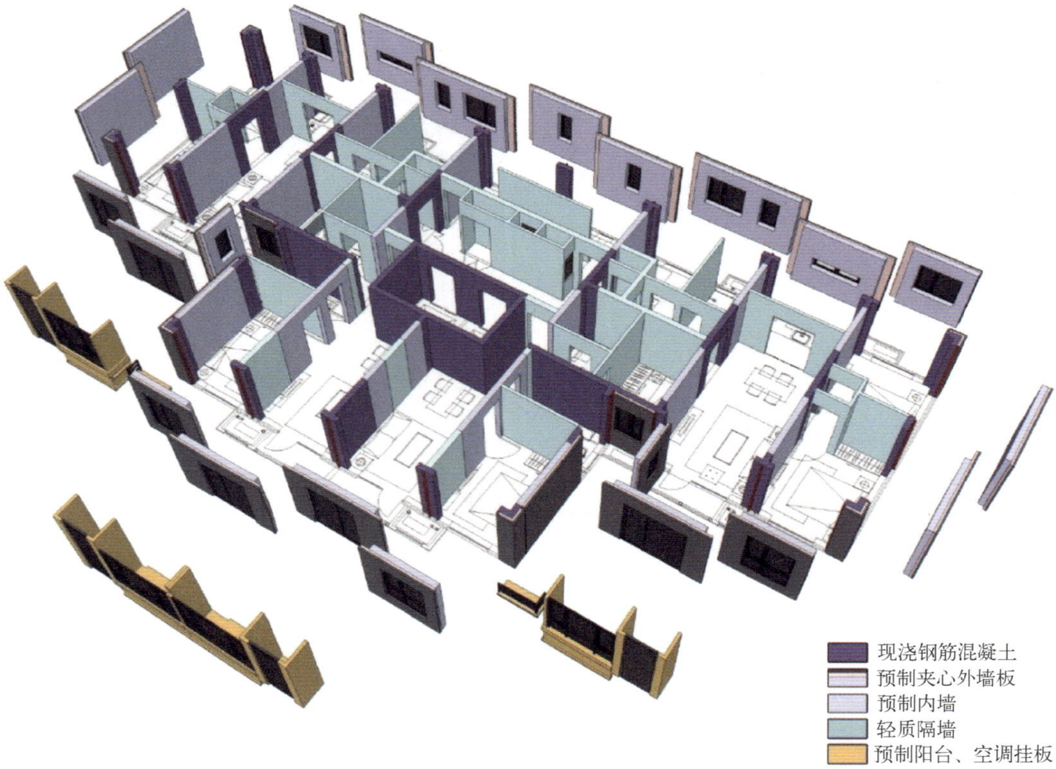

图 1-1 装配式建筑简化示意图

与传统建筑相比，装配式建筑的建设模式和生产方式都产生了深刻的变革。装配式建筑的优点是建造速度快、受气候条件制约小，既可节约劳动力又可提高建筑质量。

要实现上述这些优点，就要求装配式建筑的构件结构型号尽可能减少甚至标准化统一，如果生产比较复杂的构件，又会提高建筑成本、降低工效，因此，为了解决这个矛盾，装配式建筑设计应遵循少规格、多组合的原则，在标准化设计的基础上实现建筑系列化和多样化。采用模数化和标准化的设计理念，实现建筑产品、部品的标准化；通过构件的多样化组合，实现建筑形态和建筑空间的多样化。将设计工作的每个环节紧密结合，提高精细化程度，实现建造成本降低、工期缩短目标。

与传统建筑设计相比，装配式建筑必须增加技术策划阶段和加工图设计与生产两个阶段（图 1-2），且每个阶段都需要全专业协同（图 1-3）。若这两个阶段缺失或不完整、专业协同不到位，很容易与装配式建筑的优点背道而驰。

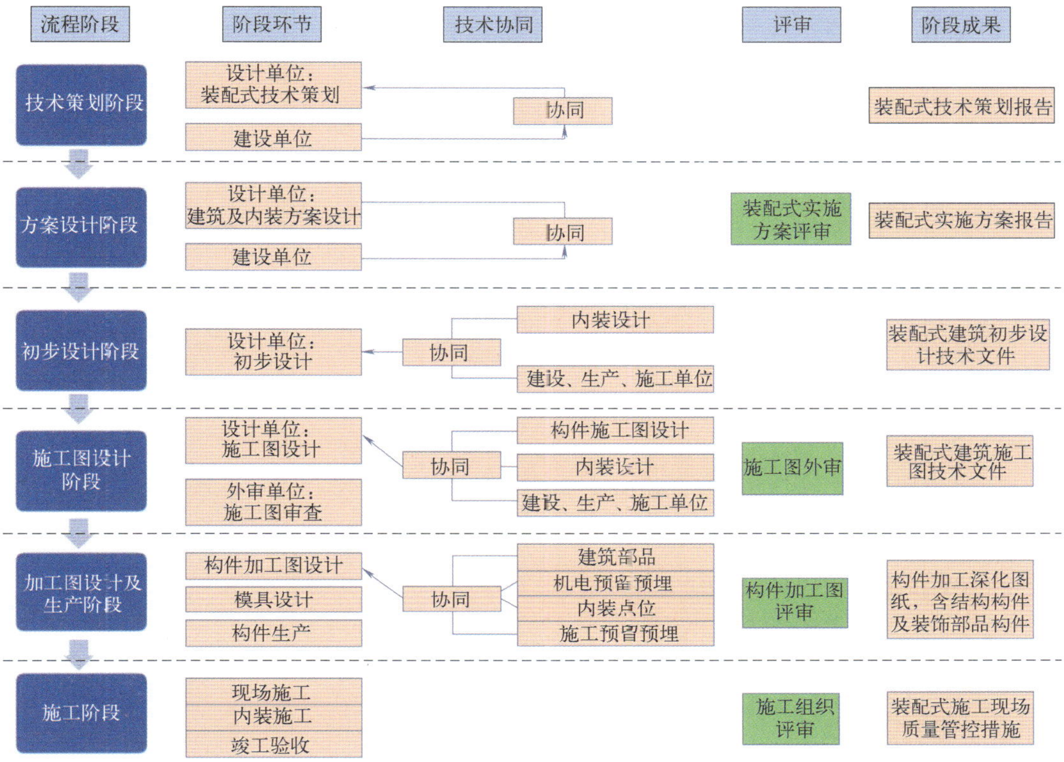

图 1-2　装配式建筑设计流程

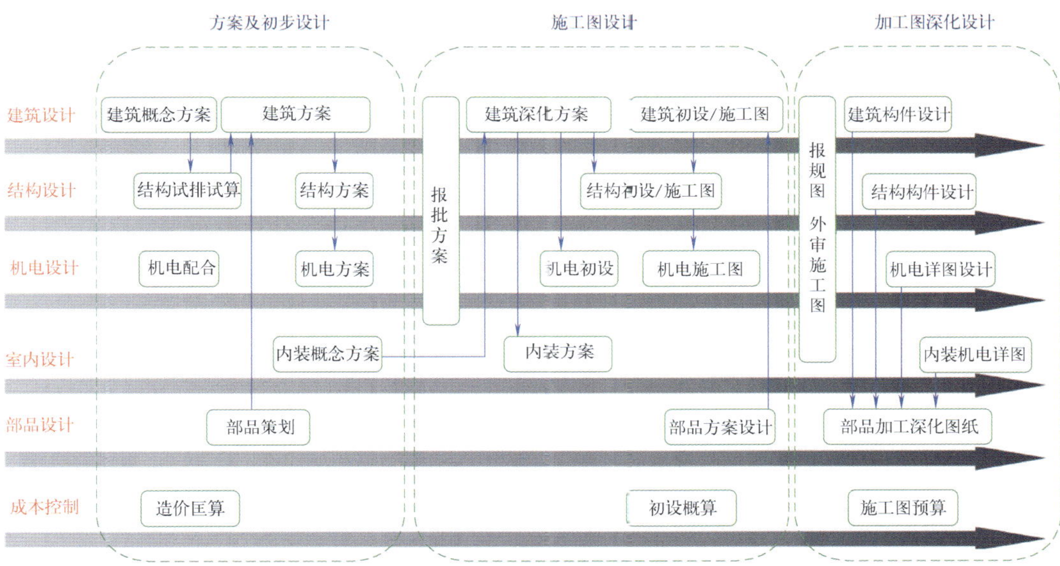

图 1-3　装配式建筑设计主体阶段细部内容拆分

1.2 技术策划阶段设计要点

1.2.1 建筑专业

（1）确定装配式建筑实施范围（以北京市相关要求为例）

新立项政府投资的地上建筑面积 $3000m^2$ 以上的新建建筑应采用装配式建筑，其中单体地上建筑面积 $10000m^2$ 以上的新建公共建筑应采用钢结构建筑。新建地上建筑面积 $20000m^2$ 以上的保障性住房项目（包括公共租赁住房、共有产权住房和安置房）应采用装配式建筑。

通过招拍挂文件等方式设定相关要求，商品房开发项目、新建地上建筑面积 $20000m^2$ 以上的公共建筑项目、工业用地上的新建厂房和仓库应采用装配式建筑。

（2）明确装配式技术路线

依据项目特点、客户需求及政策要求确定装配式技术路线，明确装配率得分策略。

1.2.2 结构专业

（1）结构设计原则

装配整体式混凝土结构以“等同现浇”的原则进行设计，即采用预制构件与后浇混凝土，通过合理的节点连接构造的方法，从而使装配式结构与现浇结构具有等同的延性、承载力及耐久性能。预制构件的设计需满足持久设计状况下的承载力、变形、裂缝控制验算要求；地震设计状况下，承载力验算需满足制作、运输、堆放和吊装等短暂设计状况下的验算要求。

（2）结构体系应符合的要求

结构体系应根据建筑的抗震设防类别、抗震设防烈度、建筑高度、场地条件、地基、结构材料和施工等因素，经技术、经济和使用条件综合比较后确定。

结构体系应符合下列各项要求：应具有明确的计算简图和合理的地震作用传递途径；应避免因部分结构或构件破坏而导致整个结构丧失抗震能力或丧失对重力荷载的承载能力；应具备必要的抗震承载力、良好的变形能力和消耗地震能量的能力；对可能出现的薄弱部位，应采取措施提高其抗震能力。

不应采用严重不规则的结构体系，应具有必要的承载能力、刚度和延性；应避免因部分结构或构件的破坏而导致整个结构丧失承受重力荷载、风荷载和地震作用的能力；对可能出现的薄弱部位，应采取有效的加强措施。

结构的竖向和水平布置宜使结构具有合理的刚度和承载力分布，避免因刚度和承载力局部突变或结构扭转效应而形成薄弱部位；抗震设计时宜具有多道防线；结构在两个主轴方向的动力特性宜相近。

（3）套筒灌浆混凝土剪力墙结构体系

套筒灌浆连接技术的优点：外墙一体化设计，具有保温、防水、防火功能；全国大量推广，技术成熟；PC 工厂配备完善的流水线。套筒灌浆连接技术的缺点：施工难度大；灌浆质量缺乏有效的检测手段；质量监控难度大，成本高；主体结构装配施工工期延长，成本增加较多。

（4）纵肋叠合混凝土剪力墙结构体系

装配式纵肋叠合混凝土剪力墙结构体系的竖向构件采用“纵肋空心墙板”和“夹心保温纵肋空心墙板”等新型空心墙板，采用双层双向配筋，分别位于两侧预制混凝土墙板内，通过纵肋内的拉筋形成整体结构。装配时，下层墙板上部预留的环状纵筋插入待安装上层墙板空腔内的纵筋连接槽内，与上层墙板空腔内的外露纵筋形成直接搭接连接，待安装完墙板两侧水平筋并与现浇区钢筋搭接连接，空腔和现浇区混凝土固化后形成装配整体式纵肋叠合剪力墙结构（图 1-4）。

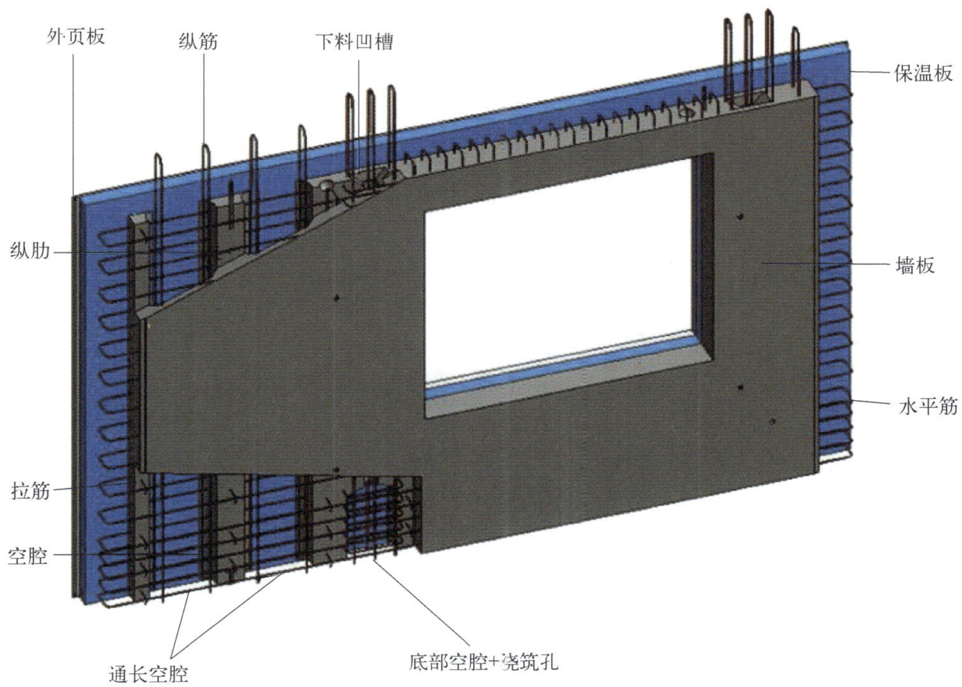

图 1-4 纵肋叠合剪力墙结构体系示意图

纵肋叠合剪力墙结构体系的优势为：墙板纵向受力钢筋在特制空腔内“直接搭接连接”，取消套筒灌浆连接，有效避免了套筒灌浆连接产生的施工和检测困难问题；适用于80m以下的高层建筑，有效解决了现有叠合剪力墙结构的钢筋“间接搭接连接”结构体系使用高度受限（<60m）问题；纵肋叠合剪力墙结构体系的抗震性能与现浇剪力墙基本一致，包括承载力、刚度、变形能力、破坏模式和耗能能力等，可以用现行混凝土结构设计规范中的方法进行截面承载力计算；竖向钢筋在全截面100%搭接的情况下，通过钢筋构造及搭接长度控制，保证钢筋受拉时在搭接区外拉断，不发生钢筋搭接滑移变形和破坏，不发生搭接区域的混凝土劈裂破坏；预制外墙仍然采用结构保温装饰一体化生产，可实现装配、保温与结构同寿命，有效降低维护成本，经济效益良好；工厂投资少，转产快；施工简便快捷；主体结构施工综合成本可适当降低。

1.2.3 机电专业

（1）设计原则

装配式建筑电气设计应满足节能环保要求，考虑采用标准化、模数化设计，减少管材浪费。设计过程中采用土建与精装一体化的设计方法，与预制构件设计相协调，满足预制构件工厂化生产及机械化安装的需要。电气水平管线宜在架空层或吊顶内敷设，当受条件限制必须做暗敷设时，宜敷设在现浇层或建筑面层内；应进行管线综合，尽可能减少管线交叉，竖向管线尽量集中敷设。

给排水、燃气管线及设备不得直接埋设于预制构件及预制叠合楼板的现浇层中，必须暗埋时，可埋设在建筑面层中；垂直穿越预制构件可采用预留孔洞、套管和沟槽的方式；共用给水、排水立管集中设置在公共部位的管井内，并宜布置在现浇楼板区域；应进行管线综合，尽可能减少管线交叉；给排水管线穿越预制构件时应提前预留孔洞和沟槽，不得在预制构件上现场开槽。

暖通管道包括连接散热器的管道、地面辐射供暖系统连接分、集水器的管道，以及地面辐射供暖盘管，均不得直接埋设于预制构件及预制叠合楼板的现浇层中。共用供暖管道集中设置在公共部位，并宜布置在现浇楼板区域，尽可能减少管线交叉。

（2）与其他专业配合

机电各专业应配合建筑专业，提出公共设备管井和室内管井尺寸要求，根据建筑概念方案分析屋顶水箱间要求。另外，机电各专业还需了解拟定的装配式技术预案，为后期工作打好基础。

1.2.4 内装专业

（1）设计原则

装配式建筑的内装设计应遵循建筑、装修、部品一体化的设计原则，采用工厂化生产的内装部品，实现集成化的成套供应。内装设计应与机电设计相匹配。

（2）与其他专业配合

内装专业应结合装配式技术要求配合建筑专业进行概念方案设计。

（3）装配式评价标准实施项匹配

建筑技术策划阶段介入，结合建筑需求，以满足装配式建筑相关技术要求为原则，对装配式评价标准中实施项进行分值匹配。

（4）内装技术体系选型原则

内装技术体系应以建筑的装配式体系为基础，应与结构系统、外围护系统及设备管线系统进行一体化集成设计，达到内装修与建筑的协调统一。内装技术体系应遵循模数化原则，对部品进行模数协调。内装技术体系宜选用容错能力强、现场方便调节的部品。

1.3 方案设计阶段设计要点

1.3.1 建筑专业

（1）设计原则

装配式建筑设计应在符合建筑使用功能和性能要求的前提下，采用主体结构、装修和机电装配集成化技术，以系统方法统筹建筑全寿命周期过程来进行设计。以少规格、多组合的设计原则，在标准化设计的基础上实现建筑系列化和多样化。采用模数化和标准化的设计理念，实现建筑产品、部品标准化设计。

（2）模数化及标准化工作

装配式建筑模数尺寸协调应遵循建筑设计、生产运输、施工安装、运营管理等的全寿命周期原则。在户型设计时，需考虑主体结构轴网尺寸满足300mm的基础模数，局部辅以200mm的模数，为后续各专业深入设计做好前期工作。

装配式项目应具备标准化设计、工厂化制作、装配化施工、一体化装修的特征。采用标准化设计方法，可减少构件规格、简化构件形式、统一生产及施工流程，是装配式项目工业化制作、装配化施工和一体化装修的前提和关键。装配式项目的标准化设计，在方案阶段可通过控制户型功能模块标准化、户型标准化、单元标准化三个层级来进行。可以“三个基本户型或单元的个数占总数量的比例”作为方案阶段标准化工作的评价指标（图1-5）。

1.3.2 结构专业

预制构件初步布置原则：贴合拿地合同中关于预制率的要求，尽可能降低成本；

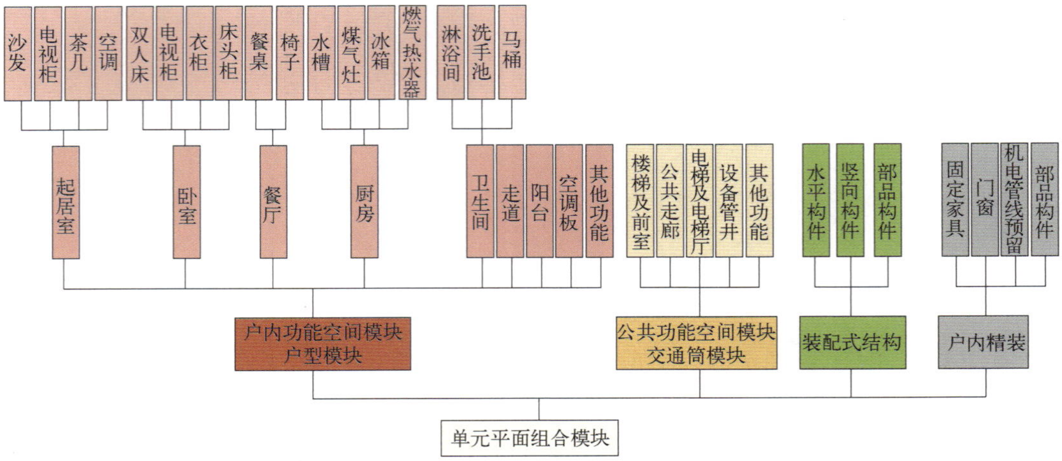

图 1-5 单元平面组合示意图

遵循少构件、多组合原则，应从项目整体出发，在不同单体间，寻找相似构件，通过调整现浇部分的长度转化为相同构件，提高重复率，从而提高模具使用率；预制构件布置采用平移、旋转的方法，预制构件形式尽量简化为“一”字形和“L”形两种，便于构件运输及堆放；预制构件布置时，应控制构件尺寸大小和重量，满足运输、安装要求，并充分考虑堆场布置、塔吊位置等条件，重量不宜超过 6t，板长不宜超 6m；结合规范及构件生产工期要求，结构底部加强和约束区剪力墙宜全部采用现浇；电梯间剪力墙筒墙肢长度较短，且筒内侧有电梯埋件要求，一般采用现浇；楼梯间剪力墙于半层高和层高处有两处施工分缝，较难预制，一般采用现浇。

1.3.3 机电专业

配合建筑专业深化平面设计工作。继续了解各单体装配式技术应用状况，并根据预制构件初步布置图，初步拟定机电点位预留、预埋原则。

1.3.4 内装专业

（1）内装一体化设计

在建筑方案设计阶段介入，以用户使用舒适度及施工便捷性为原则，对户型进行整体优化。对外窗分格、护窗栏杆位置进行优化；优化厨房、卫生间部品布置及给水、排水、燃气相关点位设置；优化强弱电箱位置和强弱电点位配置及定位；优化采暖形式和分、集水器位置及温控形式。

（2）内装方案设计

结合装修标准要求，对主要功能房间进行方案效果图、交付效果图设计。

1.4 初步设计阶段设计要点

初步设计阶段应结合各专业的技术要点进行协同设计，结合规范确定建筑底部现浇加强区的层数，优化预制构件种类，充分考虑设备专业管线预留、预埋，制定合理的技术措施。

初步设计阶段需要协同的主要控制点包括：根据前期方案确定的方向，最终确定的装配率与预制率；在总图设计中，充分考虑构件运输、存放、吊装等因素对场地设计的影响；结合塔吊的实际吊装能力、运输能力的限制等方面对预制构件进行优化调整；从生产的可行性、生产效率、运输效率等方面对预制构件进行优化调整；从安装的安全性和施工的便捷性等方面对预制构件进行优化调整；从单元标准化、套型标准化、构件标准化等方面对预制构件进行优化调整；通过优化和深化，实现预制构件和连接节点的标准化设计；结合设备和内装设计，确定强弱电箱、预埋管线及开关点位的预留位置。

1.4.1 建筑专业

(1) 计容面积核算

根据总体阶段预制构件平面布置图，核算计容面积，满足规划要求。

(2) 平立面深化设计

建筑专业在总体阶段应对方案阶段的平、立面进行进一步深入设计。

(3) 防水设计

设计原则：装配式建筑防水设计应采用材料防水和构造防水相结合的做法。

防水材料选择：外墙板接缝处的密封胶应与混凝土具有相容性，以及满足规定的抗剪切和伸缩变形能力；密封胶应具有防霉、防水、防火、耐候等性能。

根据产品组成方式不同，密封胶分为单组分及双组分两种。单组分胶使用简单，固化速度慢（可能需要数天），对施工过程中的扰动较敏感；双组分胶需使用混合机械进行搅拌，施工中使用相对复杂，但固化速度快，建议采用。根据密封胶化学成分不同，可分为聚硫胶、硅酮（聚硅氧烷）胶、聚氨酯胶、改性硅酮（聚硅氧烷）胶等。目前使用最普遍的密封胶为改性硅酮（聚硅氧烷）胶。

(4) 保温材料的选择

装配式建筑保温材料从化学组成来看，可以分为无机保温材料、有机保温材料和复合保温材料。选择保温材料时应考虑节能计算、保温形式、地区常用做法等因素。

（5）与其他专业配合

配合结构专业完成预制构件平面布置图，根据机电和室内专业要求深化平面图。

1.4.2 结构专业

（1）混凝土剪力墙结构体系梁的布置原则

大堂顶部完整空间内不宜露梁，以保持大堂顶部空间完整。特殊情况设梁时，梁高不得大于450mm。

公共空间部分不露梁：楼梯间不应有突出的结构梁，电梯厅内应无梁。户内布置梁时，梁不应穿越客餐一体厅、客厅、餐厅、卧室，以保证各功能空间的完整及美观。独立客厅与独立餐厅间的梁高不得超过400mm。

梁不宜穿越厨房、厕所、阳台，如有穿越的梁，梁高不得超过450mm。

户内梁不露出梁角线的优先顺序由高到低分别为：客厅—餐厅—主卧室—次卧室—内走道—其他空间。

板采用大板结构体系：满足大空间布置灵活需求，后期空间改造修改影响较小。

剪力墙的布置原则一般为简单、规则，应沿两个主轴方向双向布置，两个方向的侧向刚度差异不宜过大；宜从下向上连续布置，避免刚度突变；墙上洞口宜上下对齐，成列布置，尽量避免形成错洞墙。

（2）混凝土剪力墙结构体系墙板的布置原则

预制剪力墙板可按预制构件的性能、截面形状、生产制作、安装施工和连接方式等进行分类。工程设计中应根据建筑的具体特点和性能要求、生产设备的条件、施工安装能力和工艺、经济评价等因素综合判断，选择适宜的预制剪力墙板类型。

装配整体式结构的楼、屋盖宜采用桁架钢筋混凝土叠合楼板结构转换层；平面复杂或开洞较大的楼层、作为上部结构嵌固部位的地下室楼层应采用现浇楼盖结构；屋面层宜采用现浇楼盖，在条件允许的情况下水平构件宜尽量采用装配式结构。

预制楼梯与支承构件之间宜采用简支连接。楼梯板一端设置滑动铰时，可不考虑楼梯参与整体结构抗震计算；梯板两端均采用固定铰时，计算中应考虑楼梯构件对主体结构的不利影响。

阳台板宜采用叠合构件，也可采用预制构件；空调板因跨度较小、重量较轻、标准化程度较高，宜采用预制构件。预制构件应与主体结构可靠连接，叠合构件的负弯矩钢筋应在相邻叠合板的后浇混凝土中可靠锚固。

1.4.3 电气专业

（1）电气设备

在预制构件上安装的家居配电箱、家居配线箱和控制器应做到布置合理。

电气设备宜尽可能避免安装在预制墙体上，若无法避让，应根据建筑的结构形式合理选择安装形式及进出管线的敷设形式，不能影响结构安全。预制墙体上设置的终端配电箱、开关、插座及其必要的接线盒、连接管等均应预留预埋，并采取有效措施，以满足隔声及防火要求。

（2）电气管线设计

电气管线应布置在公共区域内便于维修维护的位置，该区域应尽量采用现浇结构。

电气管线暗敷时，消防线路应穿管并敷设在不燃烧结构内，且保护层厚度不小于30mm，暗敷管路采用不易燃可挠管材；其他线路导管埋设深度与建筑物、构筑物表面距离不应小于15mm。楼板内同一点允许两根电气管线交叉，过梁区域不允许交叉。导管穿越预制外墙时应设置防水套管，并做好防水处理。

（3）防雷与接地

装配式建筑可利用钢筋混凝土屋顶、梁、柱、基础内的钢筋作为引下线，此时构件之间必须连接成电气通路。

另设引下线时，引下线应热镀锌，焊接处应涂防腐漆。专设引下线已沿建筑外墙明敷，若采用暗敷应加大一级截面。

（4）整体厨卫

装配式建筑的电气设备应根据整体厨卫的不同电气设备要求，确定电源、电话、网络、电视等需求，并结合整体厨卫内电气设备的位置和高度，做好电气管线和接口的预留。

（5）与其他专业配合

配合结构专业完成预制构件平面布置图，对本专业预留预埋原则进行确认。

1.4.4　给排水专业

（1）排水管道设计

给水管道的设置方式根据设置部位分为层顶设置和层底设置两种。根据器具排水管及排水支管是否穿越本层结构楼板到下层空间，排水形式分为同层排水和异层排水。装配式建筑宜采用同层排水方式，这种排水方式有效避免了上层住户卫生间管道故障检修、卫生间地面渗漏及排水器具楼面排水管处渗漏对下层住户的影响。同层排水的卫生间建筑完成面及预制楼板面应做好严格的防水处理，避免积蓄污水或污水渗漏至下层住户室内。

（2）整体厨卫

采用整体卫浴的设计要点为：应预留足够的操作空间；应进行管道井设计，可将风道、排污立管、通气管等设置在管道井内；整体卫浴排水总管管径宜为DN100，整体厨房排水总管管径宜为DN75。

（3）管道支吊架设计

当给排水管线吊设于预制构件表面时，宜与预制构件上的预埋件可靠连接。

固定设备、管道及其附件的支吊架应注意安装于承重结构上，尤其应注意安装于轻质隔墙上的设备、管线支架。当轻质隔墙采用轻钢龙骨石膏板时，支架受力点应设于龙骨位置；当轻质隔墙采用不满足支架承重要求的材料时，需与土建专业协商，支架受力区域应局部用满足荷载要求的实心块材替换。若管道支吊架固定于预制构件表面，应在后续设计中准确提供相应预埋件尺寸及定位。

（4）与其他专业配合

配合结构专业完成预制构件平面布置图，对本专业预留预埋原则进行确认。

1.4.5 暖通专业

（1）暖通系统及管线设计

装配式建筑优先采用低温热水地面辐射供暖系统，也可采用散热器供暖系统。采用散热器供暖系统时需注意与深化专业合作，准确预埋散热器所需埋件。采用同层排水的卫生间架空地板下管道较多，为便于检修，建议采用散热器供暖系统。

低温热水地面辐射供暖系统宜优先采用干式施工法，包括预制沟槽保温板地面辐射供暖系统和预制轻薄供暖板地面辐射供暖系统，尽量减少现场湿作业。分、集水器建议设置在户入口处，与入口装修相结合，减少户内管线交叉。

（2）通风空调系统及管线设计

居住建筑设置分体式空调或户式中央空调时，应与深化专业配合，准确预留冷凝水管排水套管，孔洞直径为75mm。

空调室外机一般放置在预制空调板或预制设备阳台上，如采用空调钢制支架方式安装，应在预制外墙上预留安装支架的孔洞。

风管或冷媒管需穿越预制构件时，应与深化专业配合，准确预留。

（3）其他因素对设计的要求

暗装管道需采取便于更换、维修的措施。采用整体卫浴时，需预留排风扇、散热器与排风道、供暖管道相接的接口。安装散热器的支架或挂件应固定在实体结构上。

设备支吊架应安装在实体结构上。当支吊架需固定在轻钢龙骨石膏板上时，支架受力点应设于龙骨位置；当支吊架需固定在预制构件上时，需提供支吊架定位信息。若管井三面或四面均为预制墙体时，施工中应先完成其支架所在墙体和管道的安装，之后吊装其他预制墙体。

（4）与其他专业配合

配合结构专业完成预制构件平面布置图，对本专业预留、预埋原则进行确认。

1.4.6 内装专业

（1）室内装修

室内装修和内装部品的尺寸应满足基本模数和导出模数的要求。

装配式建筑内装设计时应考虑部品的后期维护、检修更换和物权归属问题，考虑设计、设施、材料各自的使用年限。

（2）内装部品

装配式建筑宜采用整体厨卫等工业化程度高的内装部品。采用整体厨卫时，应注意整体厨卫的地面不宜高于套内地面完成面高度。

吊顶具有功能空间划分和装饰作用，宜采用集成吊顶。吊顶内设置可敷设管线的空间，且吊顶应设有检修口。

地面宜采用集成化部品，宜采用可敷设管线的架空地板系统的集成化部品。架空地板可在建筑空间内部分采用，房间地面内无给排水管线时，该房间可不做架空地板。装配式建筑宜采用大开间的形式，内部隔墙采用轻质内隔墙，如轻质条板、轻钢龙骨板、木骨架组合墙体等。

整体厨房、整体卫浴、整体收纳应采用标准化内装部品，选型和安装应与建筑结构体相协调。

（3）与其他专业配合

配合结构专业完成预制构件平面布置图，整合机电专业预留、预埋原则。

1.5 施工图设计阶段设计要点

施工图设计阶段按照初步设计阶段制定的技术措施进行设计。

各专业根据预制构件、内装部品、设备设施等生产企业提供的设计参数，根据门窗、装饰、厨卫、设备、电源、通信、避雷、管线、防水、防火、隔声等专业或环节的要求，进行建筑构造设计并与构件设计对接，在施工图中充分考虑各专业预留、预埋要求，避免后期修改对预制构件造成破坏。

建筑总平面应充分考虑预制构件及设备的运输通道、堆放以及起重设备所需要的空间。

设计各阶段预制率高低对产品带来的最大影响在于预制外墙的使用。从平面设计角度讲，建筑平面宜选用大空间的平面布局方式，合理布置承重墙及管井位置，实现产品空间的灵活性、可变性。套内各功能空间分区明确、布局合理。通过合理的结构选型，减少套内承重墙体的出现，实现全龄化、可持续的易于拆改的套内功能空间。

1.5.1 建筑专业

（1）防水设计

装配式建筑是由各层预制墙板拼装而成，水平及竖向存在较多安装缝，因此防水设计尤其重要。

预制夹心保温外墙水平缝处，可设置企口或高低缝，竖缝采用双直槽缝，并在预制夹心保温外墙板每隔三层的垂直缝顶部设置排水管，排水管宜采用 PVC 材料制作，内径不应小于 10mm，排水管坡向外墙面，排水坡度不小于 5%。

悬挑构件（如阳台、设备平台）、平窗上口、凸窗板的底部、女儿墙压顶底部应设置滴水。

卫生间等内部有积水可能的房间的外墙接缝处，应采用压力灌浆方法封堵接缝，外墙板内侧应设涂膜防水层，并在外墙与地面转角、交角处做附加增强防水层，每条边宽不小于 150mm。房间内地漏应距外墙板不小于 200mm。

预制女儿墙顶部需设置预制混凝土压顶或金属盖板，压顶下沿做鹰嘴或滴水。外挂墙板女儿墙应在女儿墙内侧设置现浇叠合内衬墙，与现浇屋面板形成整体刚性防水构造。

（2）门窗设计

装配式建筑外墙门窗可采用后做窗框、预埋门窗框、预留副框或预留企口的方法。后做窗框与传统现浇项目做法相同。预埋门窗框、预埋钢副框两种形式与现浇后装门窗的施工方式，均具有避免框料与洞口墙体之间产生安装缝隙，能够有效增强门窗节点防水性能，降低现场工人工作量，缩短工期，减少施工浪费及垃圾等优点。预留企口利用构件混凝土高差，采用构造防水与材料防水相结合的方式，有效提高门窗节点防水性能。

1.5.2 结构专业

在施工图绘制时需注意剪力墙配筋：采用预制剪力墙的单体，预制剪力墙墙身段分布筋尽量采用直径大、间距大的配筋方案，方便为预埋留出空间；预制边缘构件内纵筋立面上应尽量归并，减少配筋变化，若无法避免，钢筋直径、等级变化应逐级变化；预制边缘构件箍筋间距应与通过现浇段与之相连的预制构件伸出钢筋间距相匹配，便于施工及构件制作。

梁配筋：与剪力墙顺接的预制梁配筋时，梁底伸出钢筋应考虑避开剪力墙纵筋及留出现浇部分施工空间；梁顶后穿钢筋应采用直锚或一端直锚一端弯锚形式；与剪力墙垂直相接的预制梁配筋时，梁底钢筋不需考虑避让。

板配筋：叠合楼板配筋时，板底伸出钢筋和板顶钢筋需考虑与相邻跨板钢筋间距相匹配。

柱配筋：采用预制框架柱的单体，柱内纵筋立面上应尽量归并，减少配筋变化，若无法避免，钢筋直径等级变化应逐级变化。

连接节点详图设计时，应考虑施工安装工序所需的钢筋间隙及钢筋避让。

1.5.3 电气专业

（1）设备预埋

箱体和管线暗埋在预制构件中时，墙板与楼板连接处需留出操作空间，方便管线连接施工。照明管路暗敷在叠合楼板现浇层的，应在叠合楼板底板内预埋深型接线盒，预留接线盒不得设置在梁钢筋锚固区段内。

（2）电气管线预埋

直埋于楼板内的刚性塑料导管，在穿出楼板或楼板易受机械损伤的一端应采取保护措施。沿建筑物、构筑物表面和在支架上敷设的刚性塑料导管，应装设温度补偿装置。电气管线不应敷设在预制构件接缝处，竖向电气管线不应设置在预制柱内。当竖向电气管线设置在预制剪力墙时，应避开边缘构件范围。

叠合楼板现浇层厚度确定时应考虑电气管线在现浇层中的埋设要求。对于双层双向 Φ8～10 配筋，同时考虑到楼板中同一点允许两根电气管线交叉，现浇层厚度应不小于 60mm。计算过程：预制桁架钢筋底板叠合楼板（顶层钢筋网混凝土厚保护层厚度之和）15mm＋单层双向钢筋直径之和 16～20mm＋桁架钢筋直径 8～10mm＋单电导管直径 20～25mm≈59～70mm。

（3）防雷与接地预埋

当外窗需要与防雷装置连接时，相关的预制构件内部与连接处的金属件应考虑电气回路的连接或考虑不利用预制构件连接的其他方式。

利用预制柱和预制剪力墙中的钢筋作为防雷引下线时，需注意纵向钢筋在层间连接处多采用灌浆套筒连接，钢筋与套筒间以水泥基灌浆料隔开，钢筋不连续，需用等截面钢筋、扁钢或钢板将两段柱内钢筋焊接起来，达到贯通目的。具体选用何种形式以满足结构安全、施工条件、室内美观为前提。

1.5.4 给排水专业

（1）管线垂直穿越预制构件

需注意若为保温管道，套管尺寸选取应考虑管道保温层厚度。管道穿越屋面楼板和地下室外墙等有防水要求的结构构件时，应预埋刚性防水套管。管道及其预留孔洞、套管的防水、防火、隔声应满足相关规范要求。需注意，若楼板采用预制预应力空心底板叠合板时，预留孔洞应结合空心孔洞位置综合考虑。

（2）管线沿预制构件表面敷设

沿墙接至用水器具的给水支管一般为 DN15 或 DN20 的小管径管，当遇预制墙体时，需在墙体近用水器具侧预留竖向管槽。管槽一般宽 30～40mm、深 15～20mm，管道外侧表面的砂浆保护层不得小于 10mm，当给水支管无法完全嵌入管槽且管槽尺寸又不能扩大时，需增加墙体装饰面厚度。有的工程在墙内做横向管槽，这种方式易减弱结构强度，应尽量避免采用这种方式。

1.5.5 暖通专业

穿越预制墙体的管道应预留套管，穿越预制楼板的管道应预留孔洞或预留套管，穿越预制梁的管道应预留套管。套管尺寸一般大于所穿越管道 1～2 挡。若管道为保温管道，预埋套管还需考虑保温层厚度。

风管穿过需封闭的防火、防爆预制构件时，应设预埋管或防护管，且风管与套管间须以不燃柔性材料封堵。

1.5.6 内装专业

在施工图设计阶段，结合各专业相关图纸，对户型各功能空间的电气、设备点位进行合理化布置及定位。配合构件深化对照明及照明控制点位进行预埋预留。

1.6 加工图设计及生产阶段设计要点

对装配式建筑设计进行管控和配合，且需要全过程、全专业协同，包括建筑、结构、机电、精装和概预算专业之间的协同，也包括业主、设计、构件加工、运输、总包及专业分包之间的协同。

构件加工图设计阶段可由设计单位与预制构件加工厂配合完成，建筑专业可根据需要提供预制构件的尺寸控制图。除对预制构件中的门窗洞口、电气管线精确定位外，还要考虑生产运输和现场安装时的吊钩、临时固定设施安装孔及缝浆处理、外架安装等工艺工序的预留预埋。

1.6.1 预制构件设计原则

装配式、装配整体式混凝土结构中各类预制构件及连接构造应按下列原则进行设计：①应在结构方案和传力途径中确定预制构件的布置及连接方式，并在此基础上进行整体结构分析和构件及连接设计；②预制构件的设计应满足建筑使用功能，并符合标准化要求；③预制构件的连接宜设置在结构受力较小处，且应便于施工；④结构构件之间的连接构造应满足结构传递内力的要求；⑤装配式、装配整体式混凝土结构中各类预制构件的连接构造应便于构件安装、装配整体式；⑥对计算时不考虑传递内力的连接，也应有可靠的固定措施；⑦装配式建筑设计应遵循少规格、多组合的原则。

装配式结构中，预制构件的连接部位宜设置在结构受力较小的部位，其尺寸和形状应符合下列规定：①应满足建筑使用功能、模数、标准化要求，并应进行优化设计；②应根据预制构件的功能和安装部位、加工制作及施工精度等要求，确定合理的公差；③应满足制作、运输、堆放、安装及质量控制要求。

1.6.2 预制构件加工图设计内容

各种工况下预制构件及其连接的承载力、变形、裂缝控制验算；各种工况下预制构件的配筋构造设计；预制构件连接界面和连接配筋构造设计；预制构件所需的各种连接件、拉结件的设计；预制构件内所有预埋件和管线等的设计；预制构件及其生产、安装施工的误差控制和调整设计。

根据预制构件的类型、环境类别、使用要求、维护和更换方式等规定合理的设计使用年限，必要时应针对预制构件及其连接件的耐久性能、防腐蚀功能、防火功能、建筑物理性能等具体要求进行设计。对于复杂的预制构件尚应进行安装工艺设计。

装配式建筑的核心优势在于“设计标准化、生产工厂化、施工装配化、管理信息化、装修一体化”，而这一切的基础和关键衔接点正是节点构造。节点是预制构件之间、预制构件与现浇部分之间，以及预制构件与建筑内装、机电设备之间连接、传力、密封、协调的物理界面。其设计、深化、生产和施工的质量，直接决定了建筑的整体性能（结构安全及防水、防火、隔声功能）、建造效率、成本效益和最终品质。

节点构造做法绝非仅仅是施工图阶段的细节表达，而是贯穿装配式建筑全生命周期的核心因素。它在各个阶段扮演着不同的角色，需要不同的关注点和协同方式。

（1）技术策划阶段

所选择的结构体系直接决定了主要的节点类型（如梁柱节点、墙板连接节点、叠合板胡子筋连接节点、模块间连接节点）。不同体系对节点的性能要求、复杂度和成本差异巨大。策划阶段的预制率目标和标准化程度要求，深刻影响着节点设计的复杂度。高预制率、高标准化要求节点尽可能通用、简化、可复制，减少定制化复杂节点。

（2）方案设计阶段

建筑规划布局、建筑平面布局、立面划分、空间高度等方案构思直接决定了预制构件的尺寸、形状和可能的连接位置。不合理的划分会导致节点位置不合理、受力复杂或无法实现。结构方案的布置（柱网、剪力墙位置、跨度）必须考虑预制构件可能的拆分和节点设置的合理性与高效性，避免出现难以预制或连接过于复杂的区域。幕墙、外挂板、阳台等预制部品的连接节点方案需在立面设计中初步考虑，避免影响建筑外观效果和防水构造。

（3）初步设计阶段

确定主要结构构件（柱、梁、墙、板）的关键连接节点类型、传力路径和基本构造要求（如钢筋锚固长度、连接件规格范围），这是节点设计的实质性起点。将防火、防水、隔声、保温等建筑物理性能要求初步融入节点构造方案设计中（如防火保护层厚度、防水构造层次、隔声填充要求）。建筑（收口、防水线脚）、结构（连接可靠性）、机电（管线穿越、预埋套管）、内装（隔墙生根、吊顶连接）在节点区域的初步协调变得至关重要。冲突在此阶段应初步暴露并解决。

（4）施工图设计阶段

此阶段的图纸是施工、加工、验收阶段的依据。所有节点的详细构造、材料、尺寸、公差、施工要求必须清晰、准确、无歧义地表达。节点设计必须充分考虑现场操作的可行性和便利性（如操作空间、施工顺序、临时支撑要求），不具有可施工性的节点图纸是无效的。同时，图纸中明确的节点做法、材料规格、检测要求是现场质量控制的直接标准。

（5）加工图（部品深化设计）阶段

此阶段将施工图的节点设计要求转化为具体的、可指导工厂生产的图纸和工艺文件，是设计与制造的桥梁。深化设计师必须从工厂生产角度审视节点构造的合理性（如模具制作可行性、预埋件定位工装的可实现性、混凝土浇筑密实性、脱模可行性）。加工图是集成建筑、结构、机电、内装等所有预埋预留信息的最终载体。

（6）生产阶段

节点构造的所有设计细节，在此阶段通过原材料、模具、工艺转化为实体构件上的真实连接界面，制造质量直接决定节点性能。构件尺寸，特别是连接区域（预埋件位置、外露钢筋长度及位置、边界平整度）的制造精度，是现场顺利、高质量装配的前提。微小的制造误差可能导致现场无法安装或影响连接性能。

总之，节点构造是装配式建筑“一体化集成设计”和“工业化精益建造”的核心纽带。它在技术策划阶段是战略选择的基石，在方案设计阶段是概念融入的要素，在初步设计阶段是方案深化与协调的焦点，在施工图设计阶段是精细化、可施工性表达的法定依据，在加工图设计阶段是设计与制造转化的关键桥梁，在生产阶段是精度与质量控制的最终体现。忽视任何一个阶段对节点构造的充分考虑和协同，都可能导致后续环节的返工、成本增加、工期延误，甚至影响建筑的安全和性能。因此，树立全流程、全专业的节点构造核心意识，是成功实施装配式建筑项目的关键。

第2章 装配式混凝土建筑构造节点

本章图例说明：

- 预制内叶板
- 预制外叶板
- 后浇混凝土
- 混凝土灌浆
- 后塞 A 级保温块
- 保温板
- 预制混凝土楼板
- PE 棒
- 建筑耐候密封胶
- RFC 内墙板
- 岩棉
- 专用密封胶
- 专用嵌缝剂
- 耐碱玻纤网格布

2.1 墙体构造节点

2.1.1 预制墙体构造节点

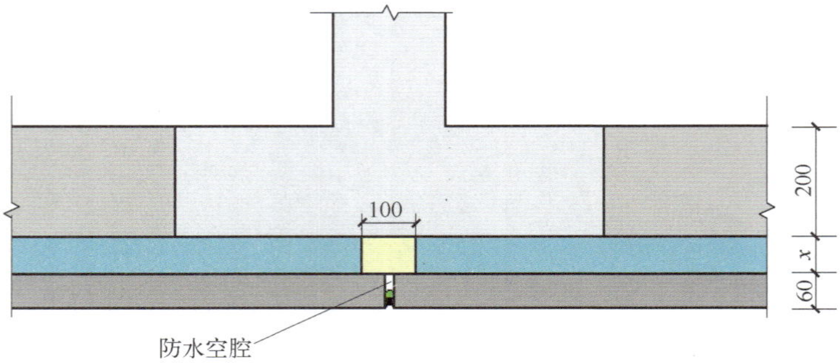

夹心墙体垂直缝（T 字形）节点（剖面图）

夹心墙体垂直缝（T 字形） 节点（轴测图）

▲**说明：** 预制建筑墙板与墙板之间的板缝设计是预制建筑的关键节点，其构造及性能直接关系到装配式建筑的防水、防火、保温、隔热、隔声等物理性能。垂直缝宜选用结构防水与材料防水结合的两道防水构造；板缝间后塞入的不吸水 A 级保温材料起到了防火、保温的作用。本章中 x 为需结合具体项目确定的相关尺寸。

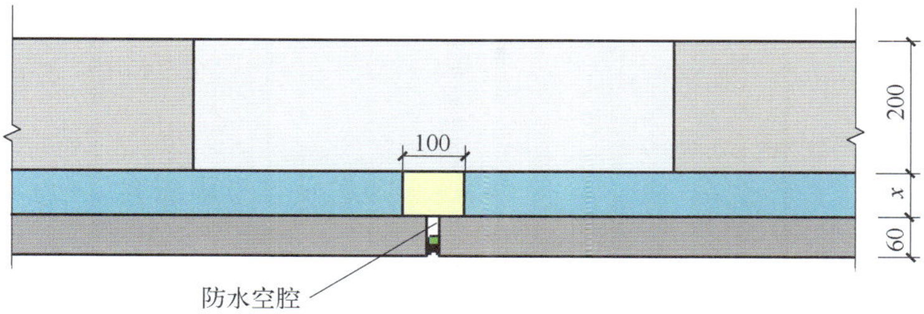

夹心墙体垂直缝（一字形）节点（剖面图）

扫码观看
节点动画

夹心墙体垂直缝（一字形）节点（轴测图）

▲**说明：**预制外墙接缝采用材料防水时，应采用防水性能可靠的嵌缝材料。外墙接缝宽度应控制在 10～35mm 范围内；接缝胶深度应控制在 8～15mm 范围内。外墙接缝所用的密封材料应选用耐候性密封胶。耐候性密封胶与混凝土的相容性、低温柔性、最大伸缩变形量、剪切变形性能、防霉性及耐水性等均应根据设计要求选用。

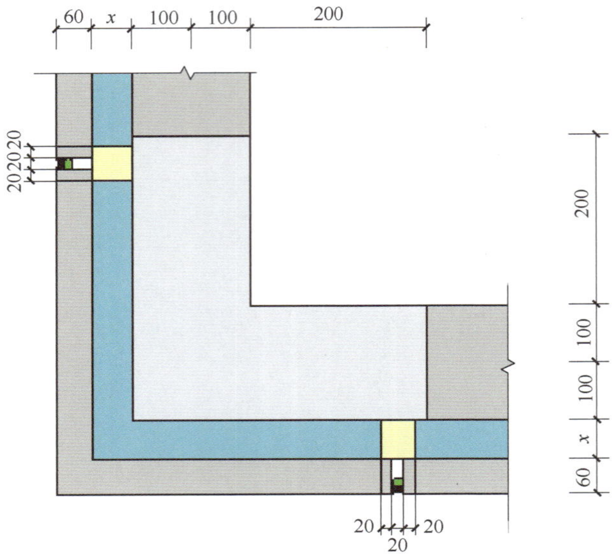

夹心墙体垂直缝（L形）节点（剖面图）

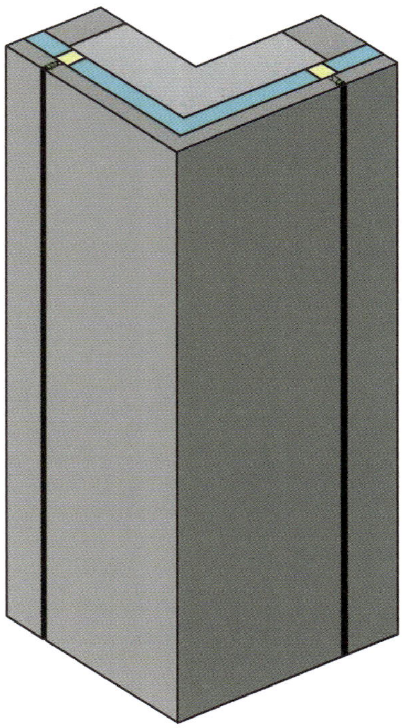

夹心墙体垂直缝（L形）节点（轴测图）

扫码观看
节点动画

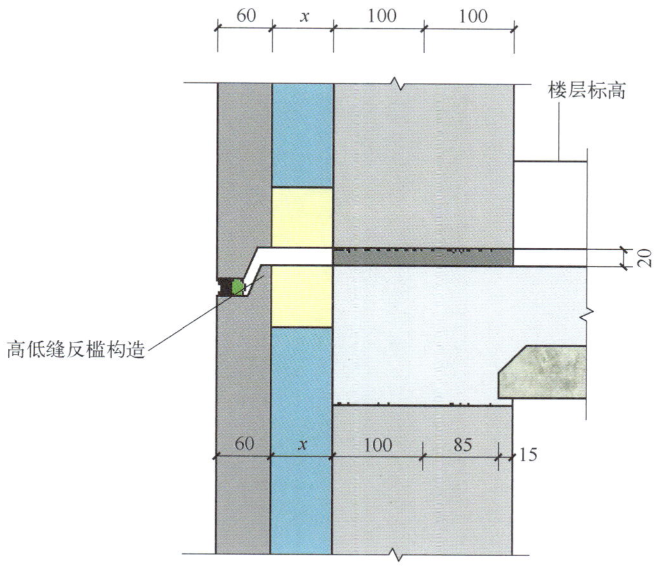

夹心墙体水平缝节点（剖面图）

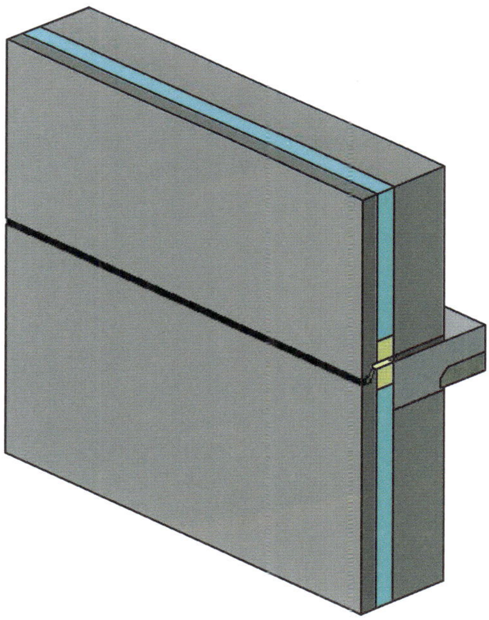

夹心墙体水平缝节点（轴测图）

▲说明： 预制外墙接缝采用构造防水时，水平缝宜采用企口缝或高低缝。采用材料防水时，应采用防水性能可靠的嵌缝材料。

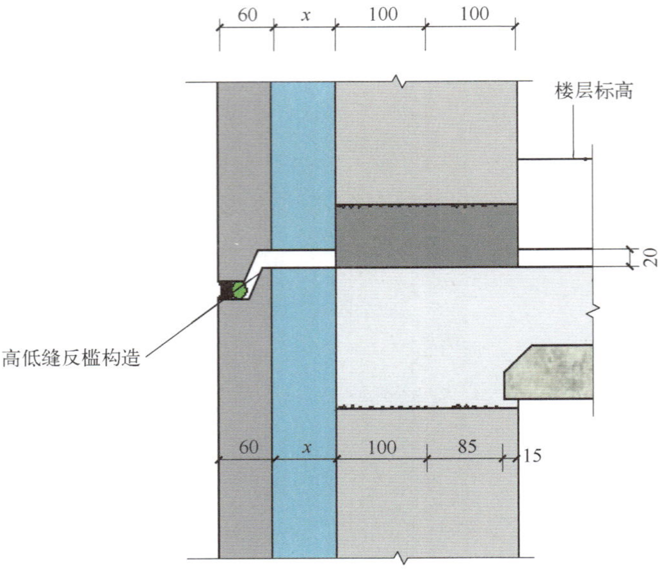

纵肋夹心墙体水平缝节点（剖面图）

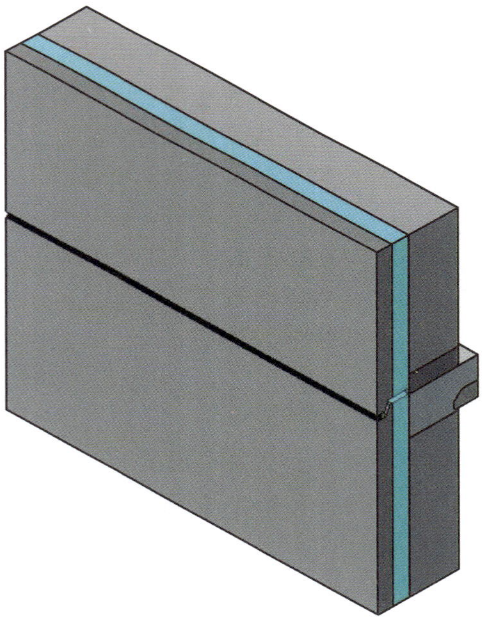

纵肋夹心墙体水平缝节点（轴测图）

▲**说明：** 预制外墙接缝采用构造防水时，水平缝宜采用企口缝或高低缝；采用材料防水时，应采用防水性能可靠的嵌缝材料。

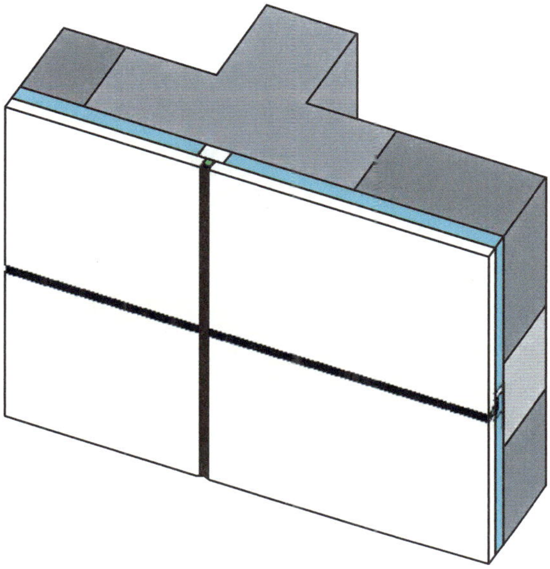

HPC 超薄三明治外墙板垂直缝节点（轴测图）

扫码观看节点动画

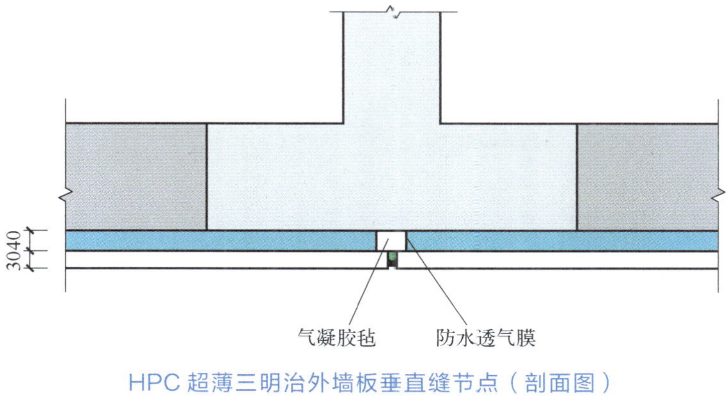

HPC 超薄三明治外墙板垂直缝节点（剖面图）

▲说明：1. 与普通三明治外墙板相比，HPC 超薄三明治外墙板具有厚度薄、质量轻的特点。通过选用高性能保温节能材料及 HPC 板作为外叶板使用，降低了三明治墙板的厚度。其构造方式与普通三明治外墙板基本一致。为避免冷桥，板缝间后塞入的 A 级保温材料也应选用高效的保温材料。

2. HPC 超薄三明治外墙板垂直缝宜选用结构防水与材料防水结合的两道防水构造。

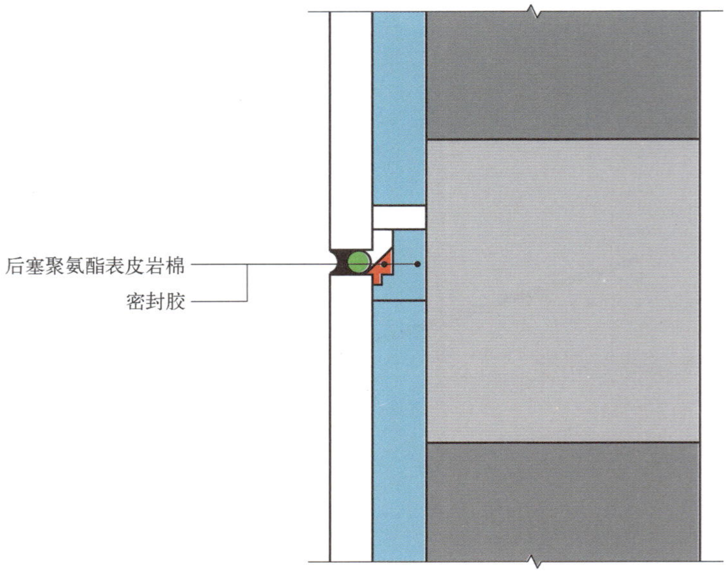

HPC 超薄三明治外墙板水平缝节点（剖面图）

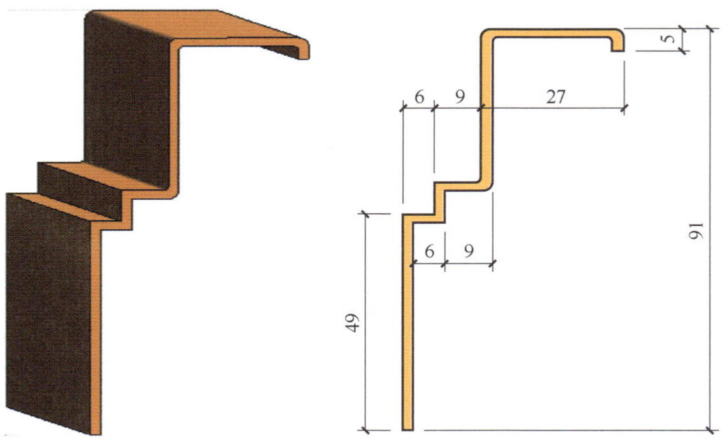

自折不锈钢条大样

单层墙体垂直缝（一字形）节点（剖面图）

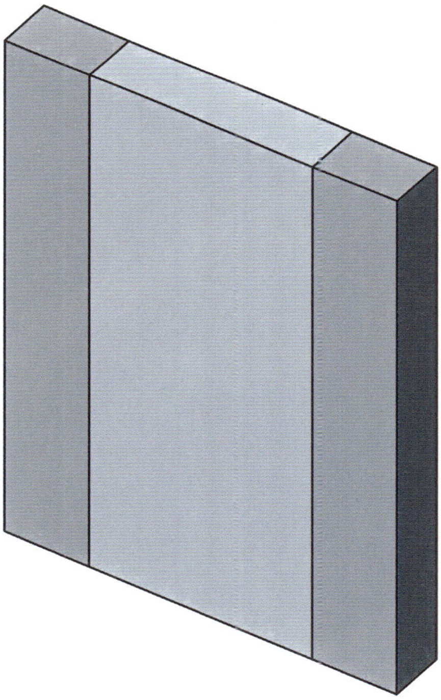

扫码观看
节点动画

单层墙体垂直缝（一字形）节点（轴测图）

▲**说明：** 预制内墙板与现浇节点的连接界面应设置“粗糙面”，以保证预制构件和现浇节点接缝处的整体性和防水性能。预制承重内墙应结合住宅功能要求和精装修设计做好点位、管线等的预留、预埋接口。

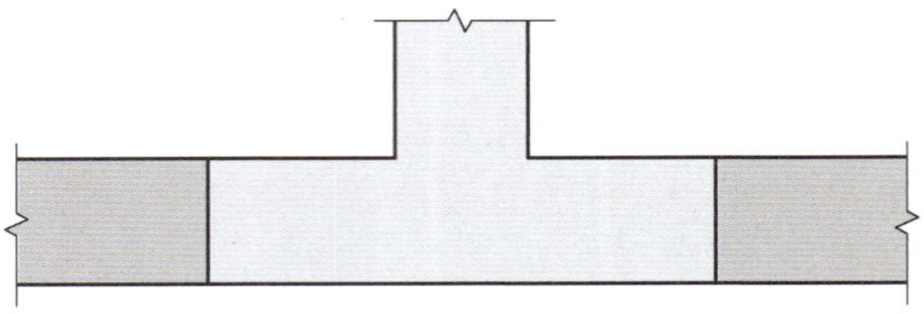

单层墙体垂直缝（T字形）节点（剖面图）

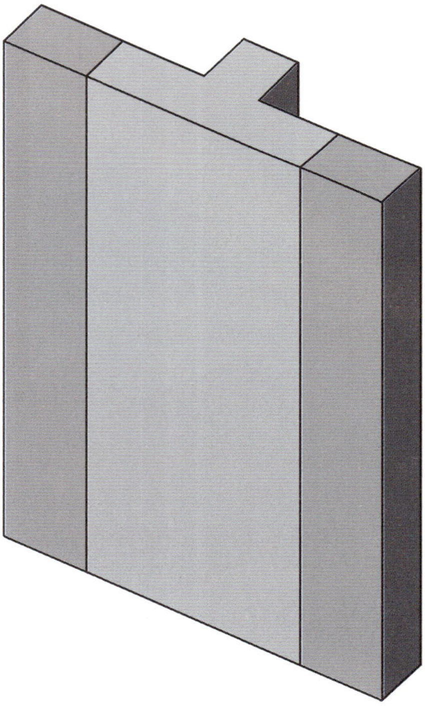

扫码观看
节点动画

单层墙体垂直缝（T字形）节点（轴测图）

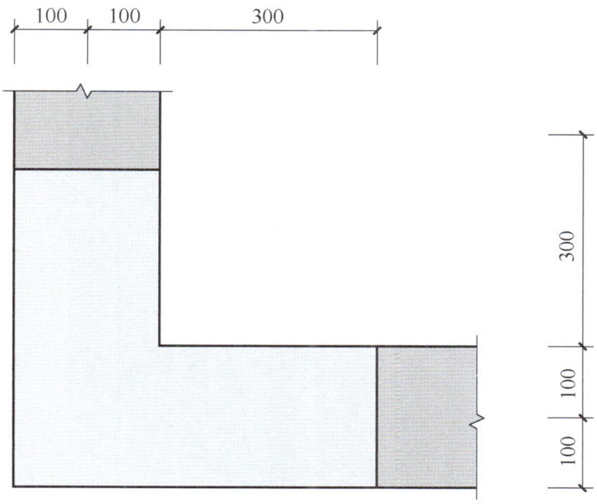

单层墙体垂直缝（L 形）节点（剖面图）

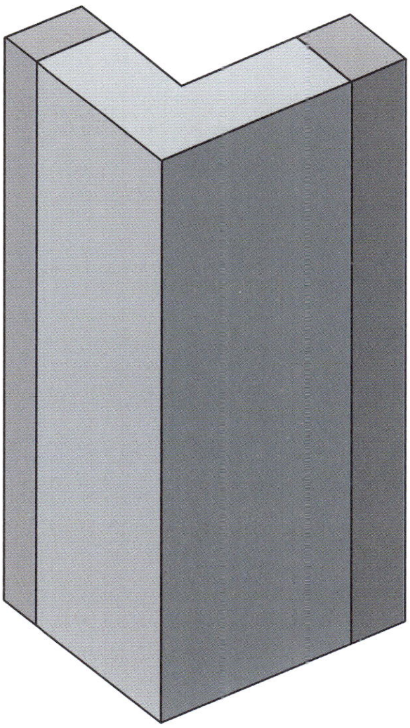

单层墙体垂直缝（L 形）节点（轴测图）

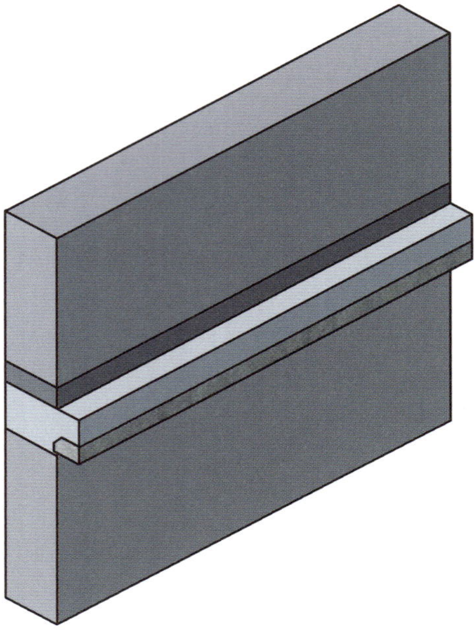

纵肋墙体水平缝节点（轴测图）

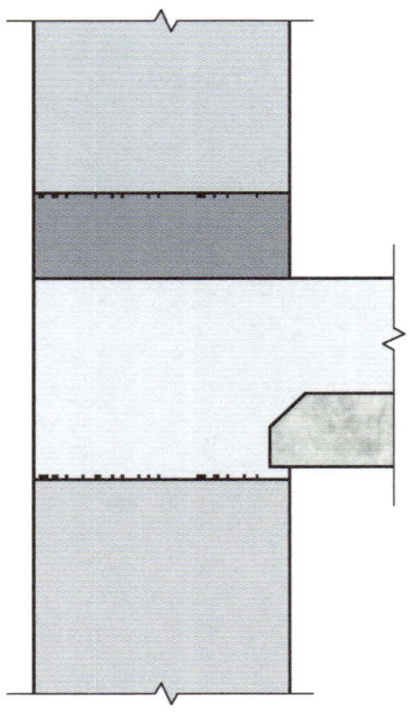

纵肋墙体水平缝节点（剖面图）

▲说明：装配式剪力墙住宅的楼板宜采用叠合楼板。装配式剪力墙住宅的楼板与楼板、楼板与墙体之间的接缝宜采取混凝土后浇带等保证结构整体性的措施。

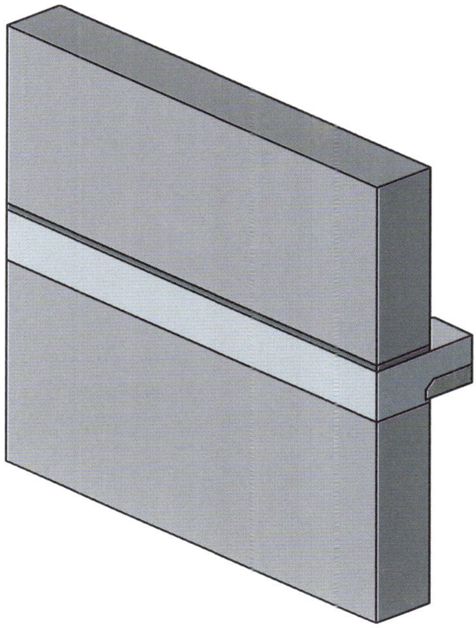

单层墙体水平缝节点（轴测图）

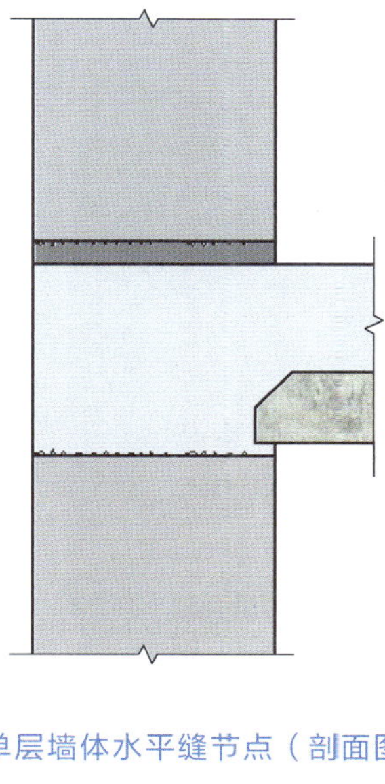

单层墙体水平缝节点（剖面图）

▲说明：装配式剪力墙住宅的楼板宜采用叠合楼板。装配式剪力墙住宅的楼板与楼板、楼板与墙体之间的接缝宜采取混凝土后浇带等保证结构整体性的措施。

2.1.2 转换层墙体构造节点

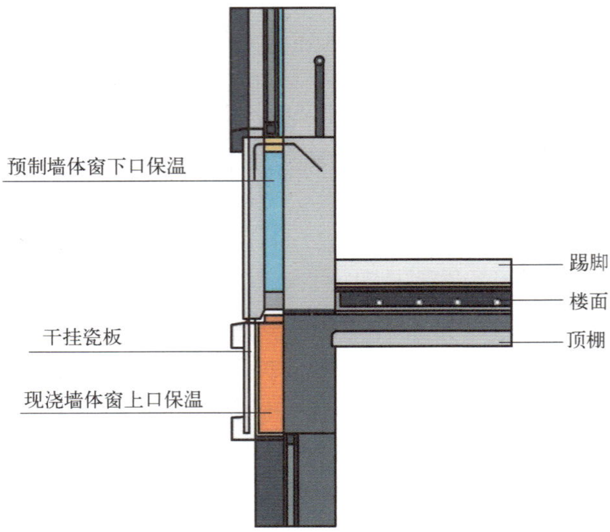

转换层墙体节点（剖面图）

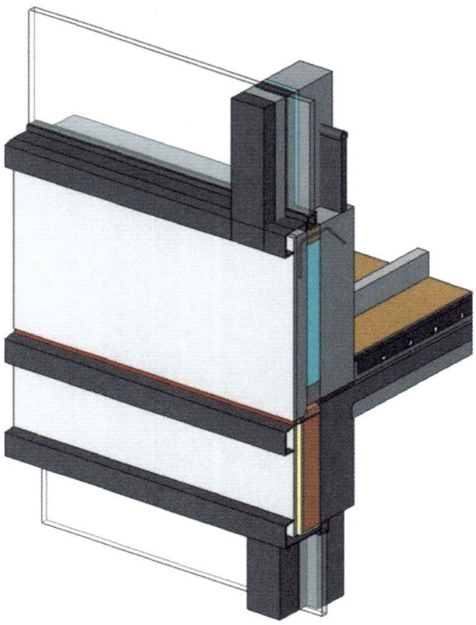

转换层墙体节点（轴测图）

▲说明：预制、现浇段墙体厚度相同时，提升预制段与现浇段接缝处板缝的防水性能是设计的关键点。

2.1.3 内隔墙 RFC 构造节点

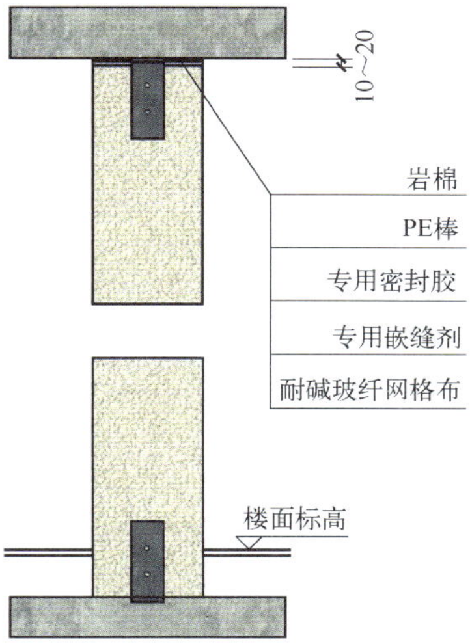

内墙直角钢件法

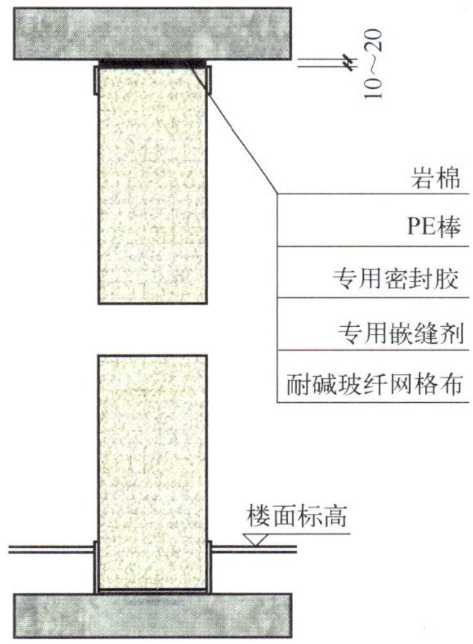

内墙 U 形卡法

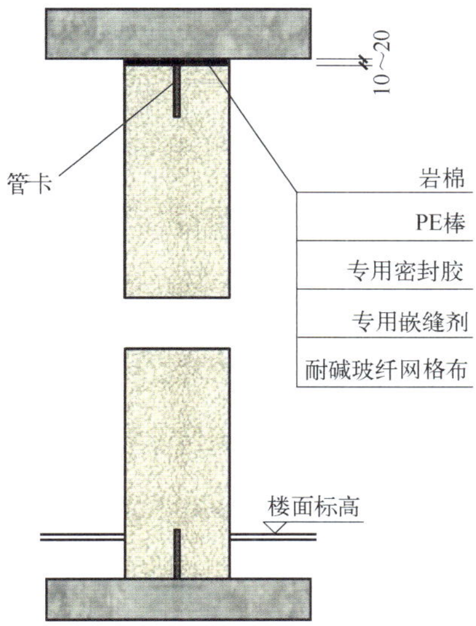

内墙管卡法

▲**说明：** 预制非承重内墙宜采用自重轻的材料，内墙的侧面、顶端及底部与主体结构的连接应满足抗震及日常使用的安全性要求，同时应满足不同使用功能的房间的防火、隔声等要求。

2.2 窗的构造节点

2.2.1 主墙外窗构造节点

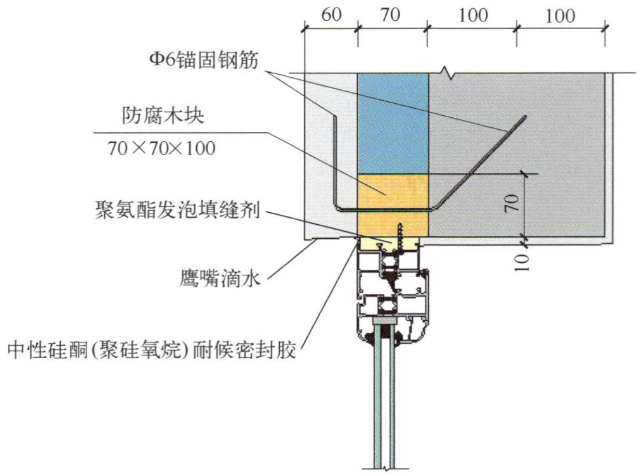

外窗上口节点

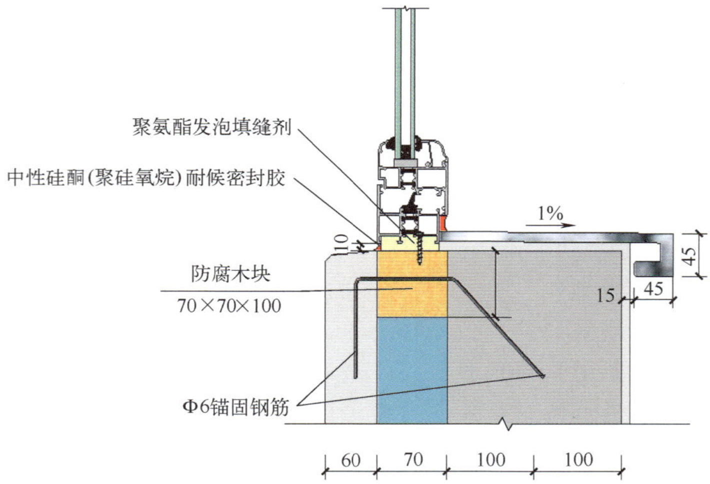

外窗下口节点

▲说明：门窗洞口应在工厂预制定型，其尺寸偏差宜控制在±2mm以内，外门窗应按此误差缩尺加工并做到精确安装。预制构件生产前应预留门窗安装的预埋连接件及连接构造。门窗的位置应与保温层位置一致，确保外围护保温的连续性，减少热桥。

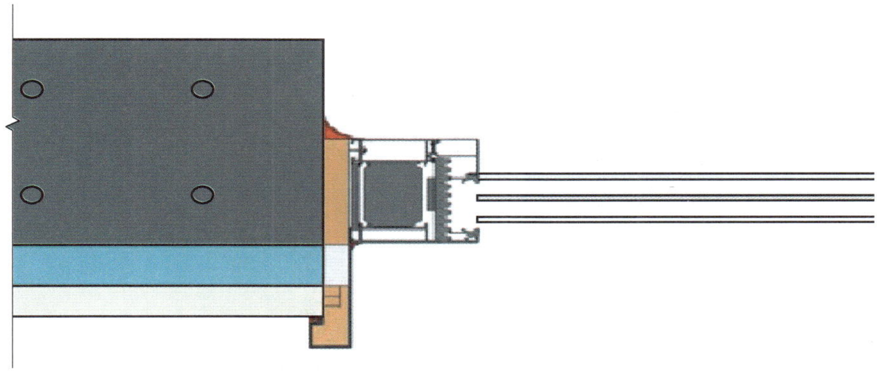

外窗侧口节点（剖面图）

外窗侧口节点（轴测图）

2.2.2 阳台外窗构造节点

阳台外窗构造节点（室外）

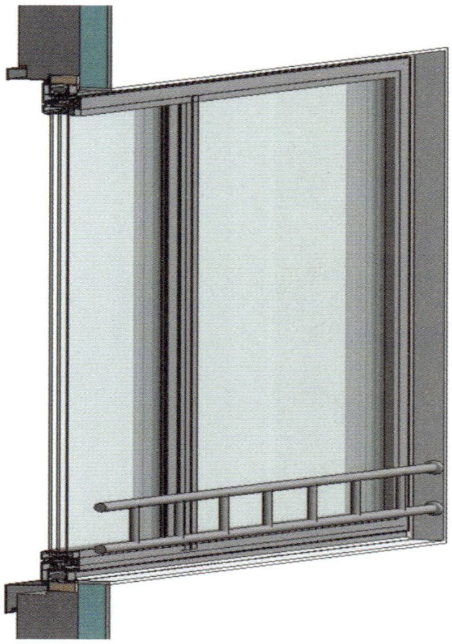

阳台外窗构造节点（室内）

扫码观看
节点动画

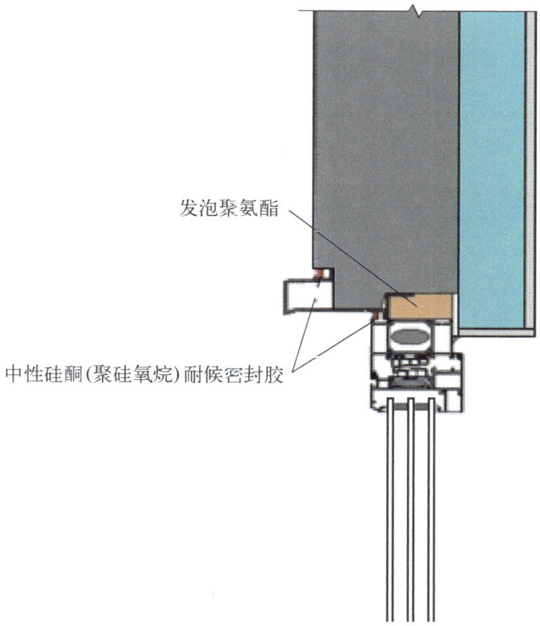

阳台外窗上部构造节点

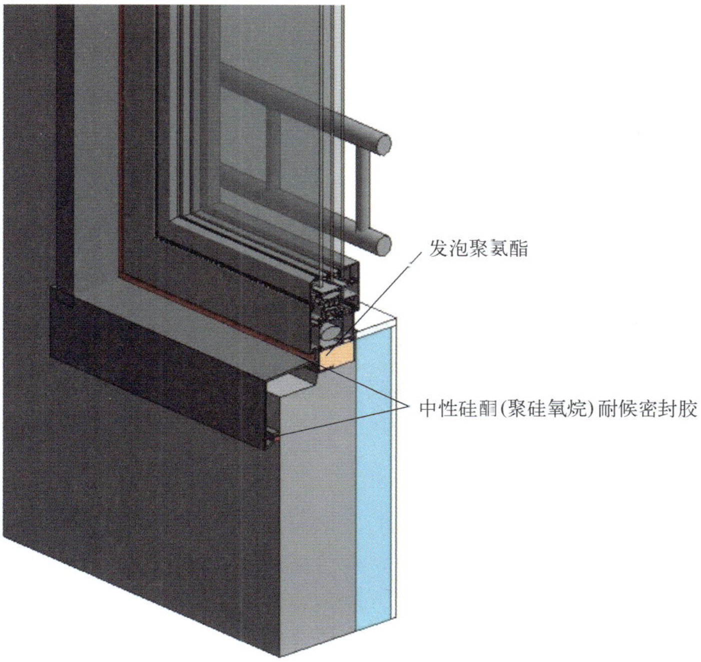

阳台外窗下部构造节点

▲**说明：**对于内保温阳台，应关注保温材料的防火性能，优选 A 级保温材料。

2.3 阳台连接构造节点

2.3.1 预制整体阳台与主体连接构造节点

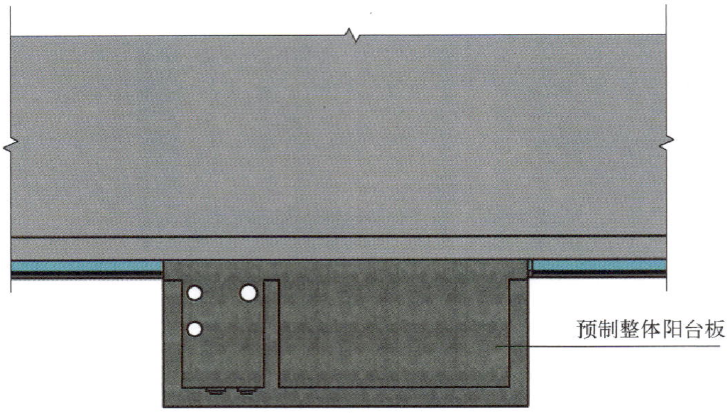

全预制整体阳台与主体结构连接节点（剖面图）

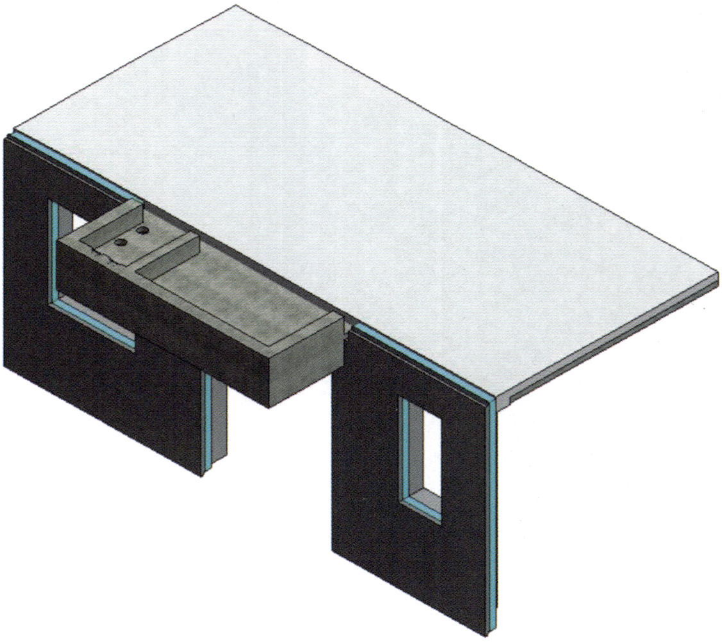

全预制整体阳台与主体结构连接节点（轴测图）

扫码观看
节点动画

▲说明：为减少预制构件的吊装次数，通常将阳台与周边的空调板作为一体。

2.3.2　预制阳台挂板连接节点

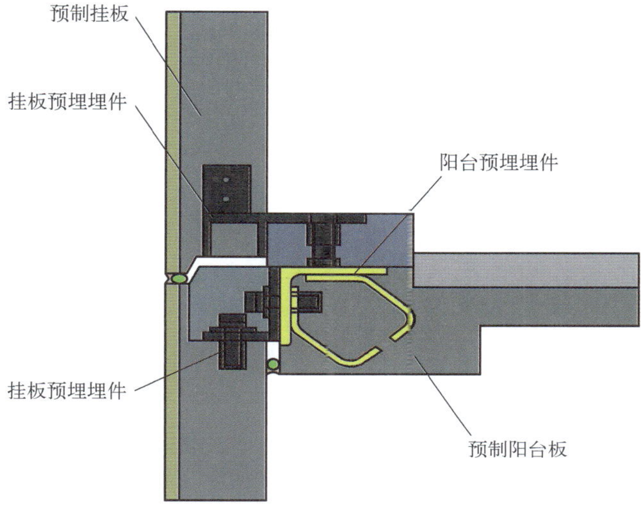

预制阳台挂板连接节点（剖面图）

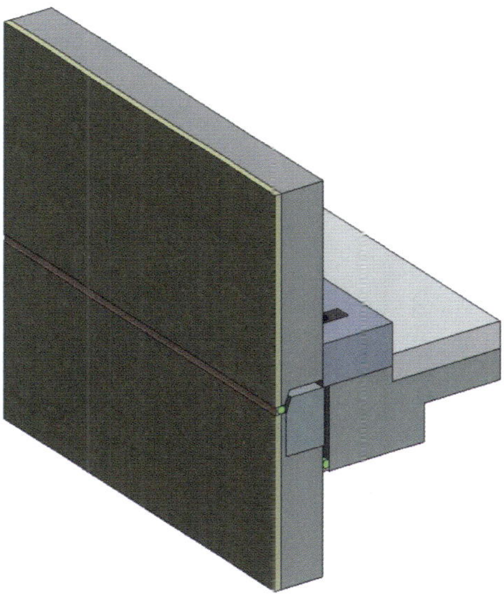

预制阳台挂板连接节点（轴测图）

▲**说明：**预制构件的连接件宜与内装修相结合，进行隐蔽处理。

2.4 空调板连接构造节点

2.4.1 平板式空调板连接构造节点

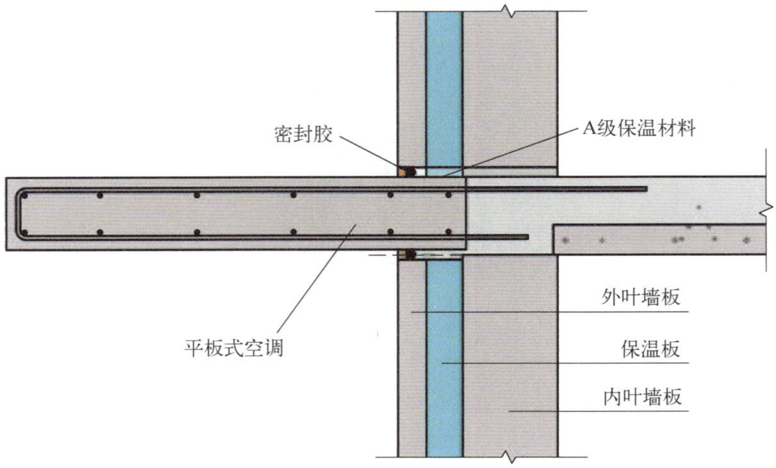

平板式空调板连接构造节点（剖面图）

平板式空调板连接构造节点（轴测图）

扫码观看
节点动画

▲说明：空调板与外墙板交接部位应做好防水，防止外墙雨水渗入建筑主体。挑出外墙的预制构件的周边应在板底设置滴水线。

2.4.2 翻边式空调板连接构造节点

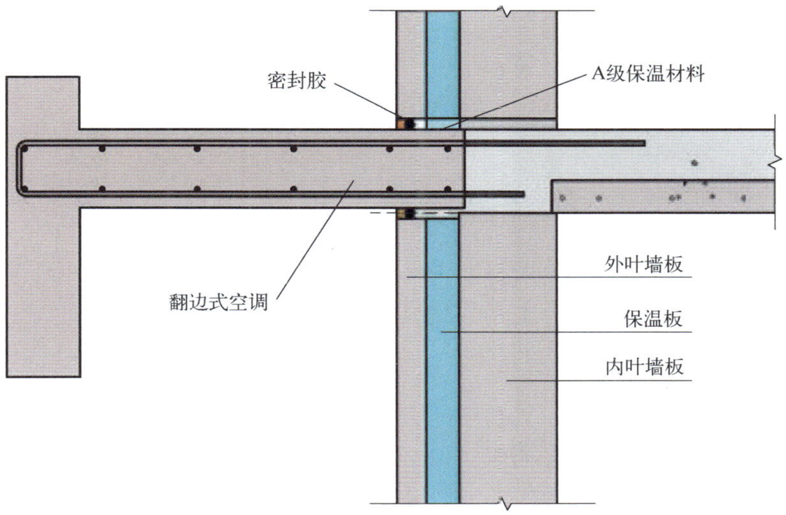

翻边式空调板连接构造节点（剖面图）

翻边式空调板连接构造节点（轴测图）

2.5 楼梯连接构造节点

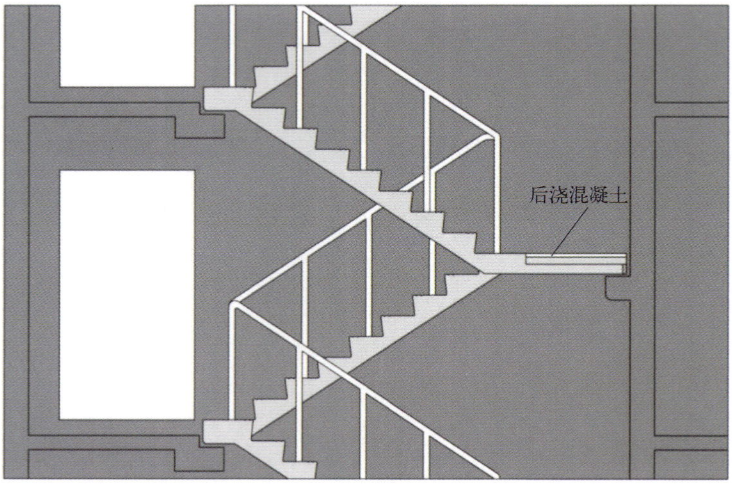

半预制楼梯

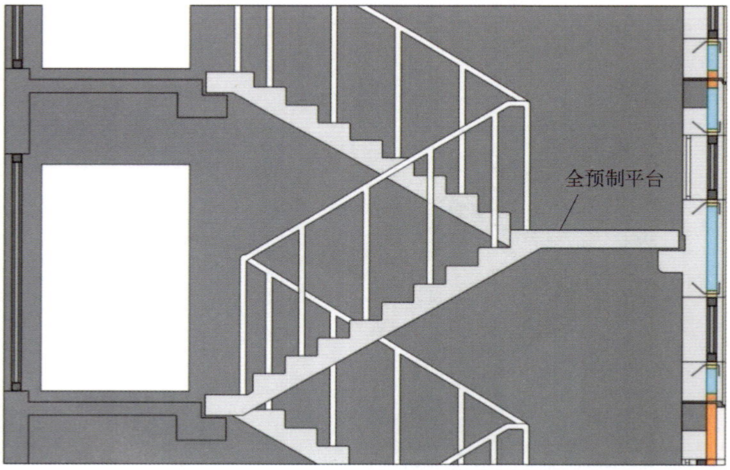

全预制楼梯

▲说明：预制楼梯板在设计中，应预留栏杆扶手的安装条件。预制楼梯宜采用清水混凝土饰面，采取措施加强成品保护。楼梯踏面的防滑构造应在工厂预制时一次成型，节约人工、材料和后期维护成本，以实现节能增效的目标。楼梯板结构构造节点相关内容详见本书第3.5节。

2.6 预制女儿墙构造节点

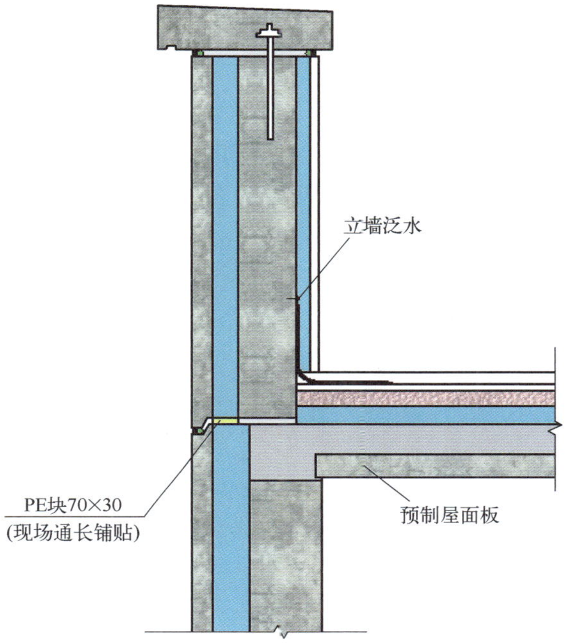

预制女儿墙构造节点（剖面图）

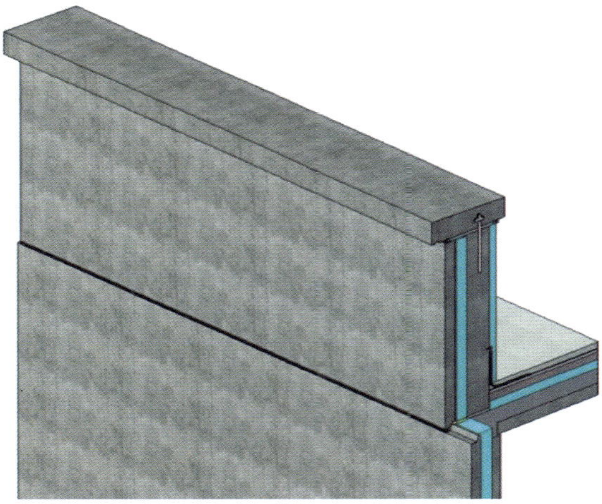

预制女儿墙构造节点（轴测图）

▲说明：装配式建筑的女儿墙宜选用预制女儿墙，以减少现场作业量。当屋面采用预制女儿墙板时，应采用与下部墙板结构相同的分块方式和节点做法，女儿墙板内侧在要求的泛水高度处应设凹槽或挑檐等防水材料的收头构造。

2.7 外饰面装饰多样化

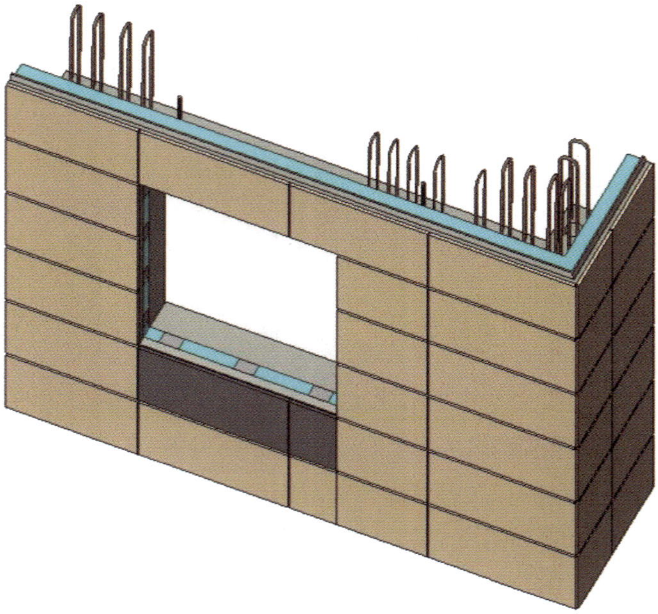

纵肋夹心保温外墙板（L 形带瓷板）

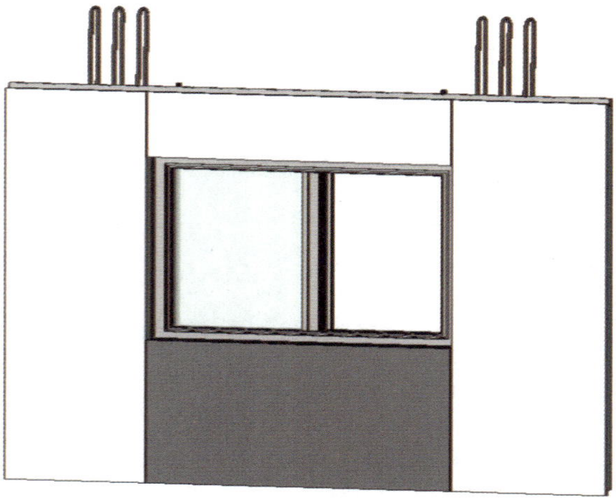

纵肋夹心保温外墙板（一字形带超薄混凝土板）

扫码观看
节点动画

▲说明：预制外墙板的饰面宜采用装饰混凝土、涂料、面砖、石材等耐久、不易污染的材料，应考虑外立面分格、饰面颜色与材料质感等细部设计要求，并体现装配式建筑立面造型的特点。装配式剪力墙住宅的预制构配件之间的接缝应对位精确。

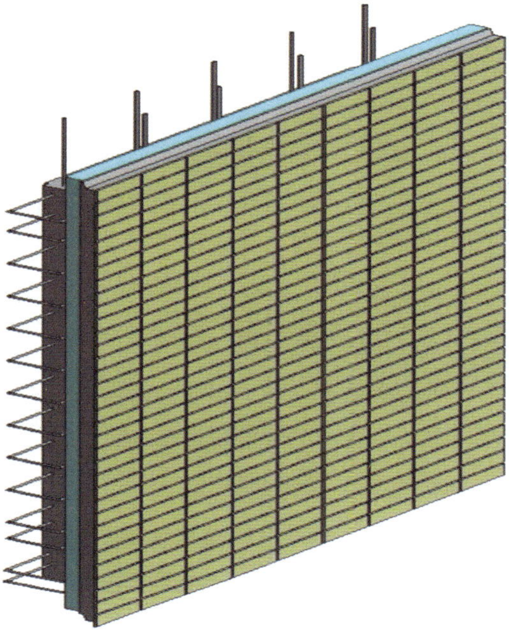

夹心保温外墙板（一字形苛瓷砖）

扫码观看
节点动画

清水仿砖混 疑土饰面

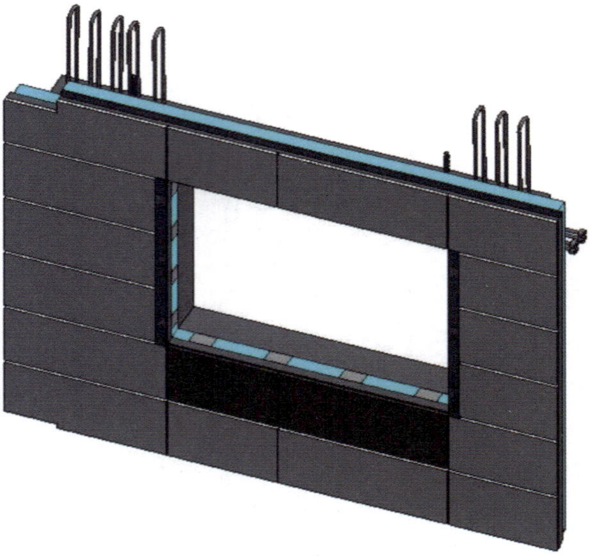

扫码观看
节点动画

纵肋夹心保温外墙板（一字形带瓷板）

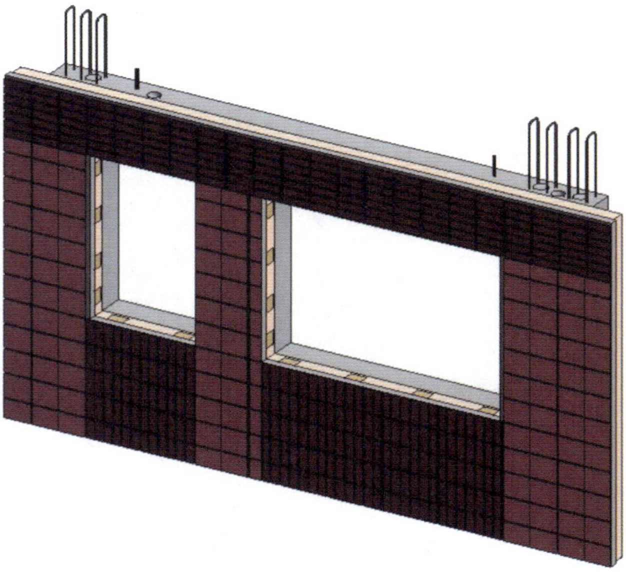

纵肋夹心保温外墙板（低能耗一字形带瓷砖）

▲**说明：** 预制外墙的面砖或石材饰面宜在构件厂采用反打工艺或其他预制工艺完成，不宜采用后贴面砖、后挂石材的工艺和方法。

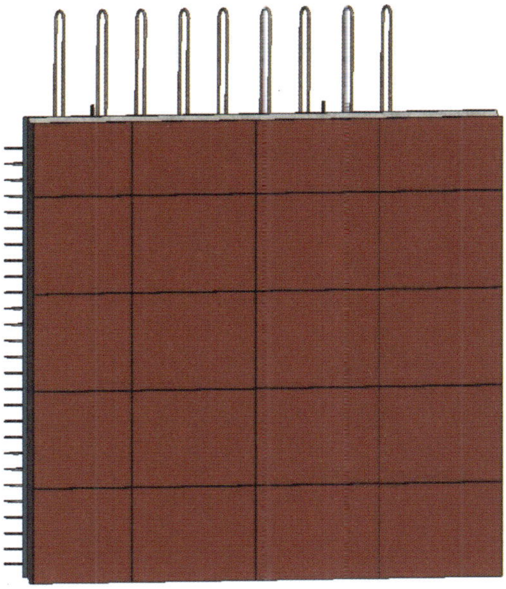

纵肋夹心保温外墙板（一字形带陶板）

UHPC 挂板（木纹）

纵肋夹心保温外墙板（低能耗一字形带瓷板）

预制阳台外墙板（带瓷板）

扫码观看
节点动画

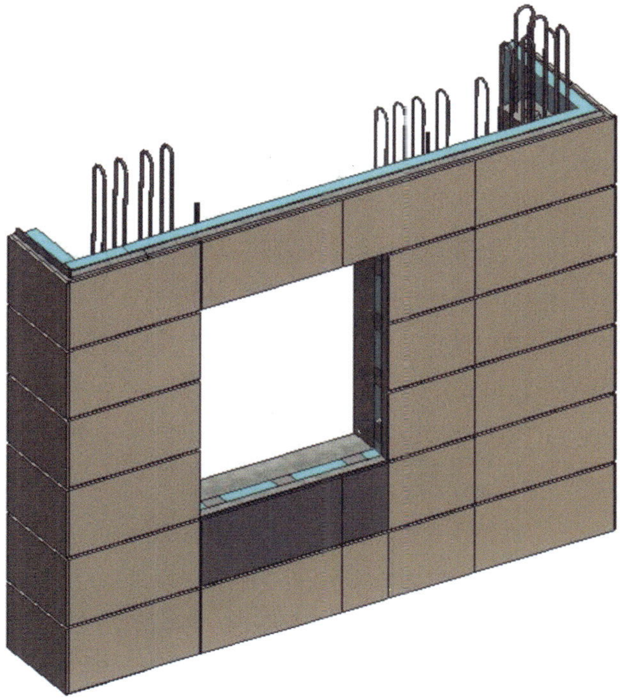

纵肋夹心保温外墙板（U 形带瓷板）

预制梁（带瓷板）

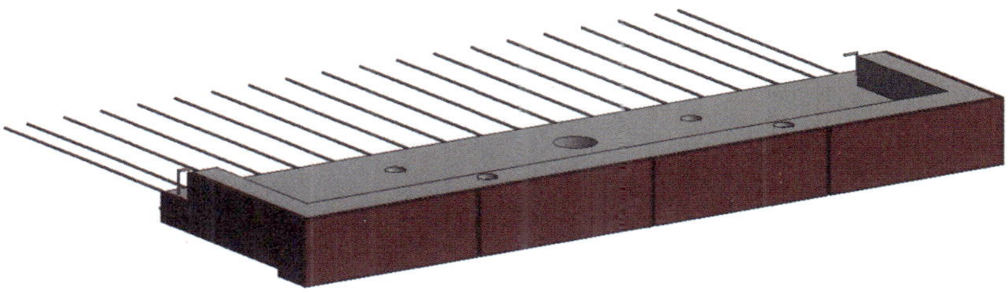

空调板（带瓷板）

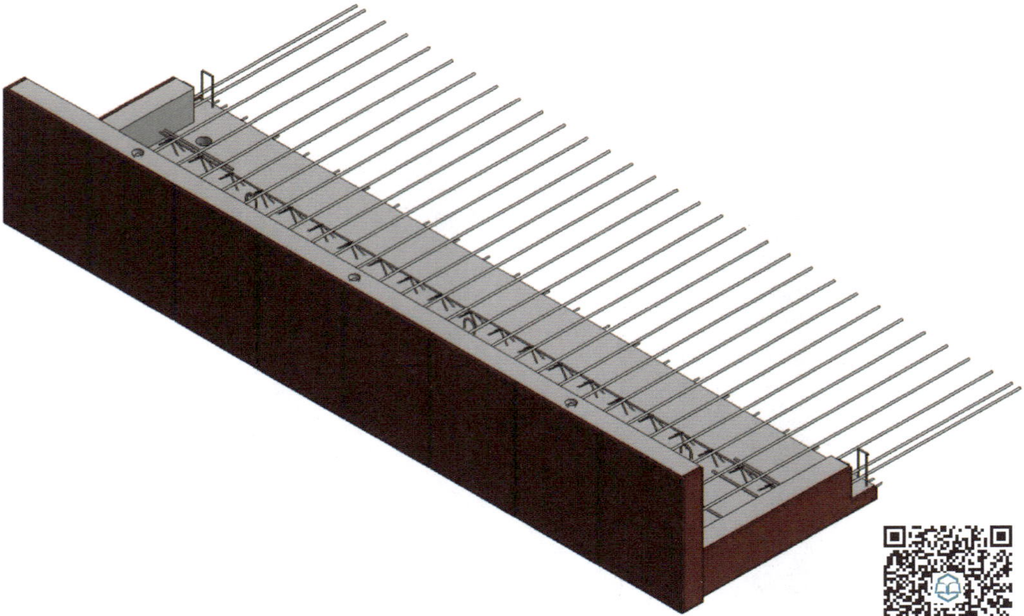

叠合阳台板（异形带瓷板）

扫码观看
节点动画

PCF 板（一字形带瓷板）

PCF 板（L 形带瓷板）

PCF 板（U 形带瓷板）

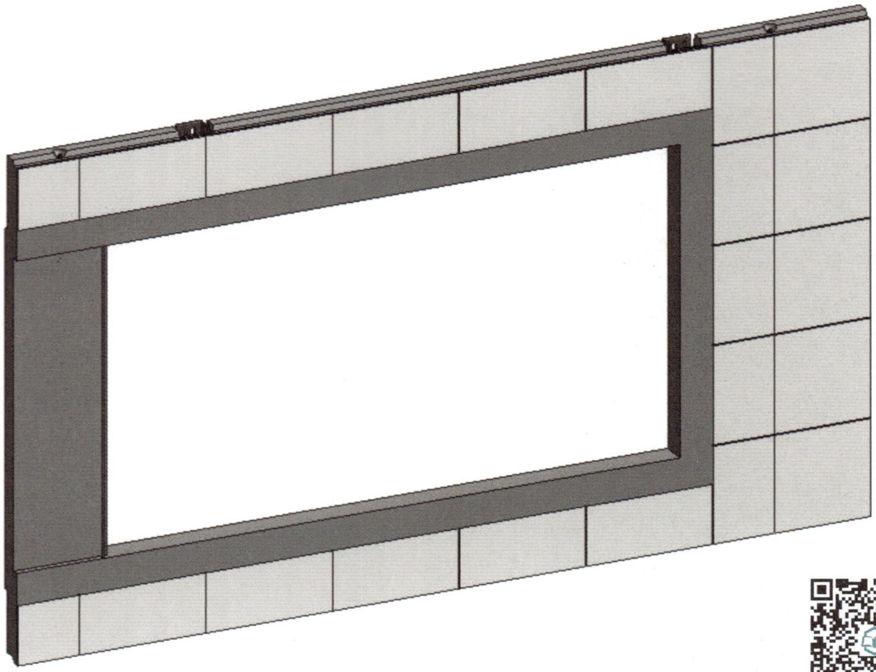

预制挂板（带瓷板）

扫码观看
节点动画

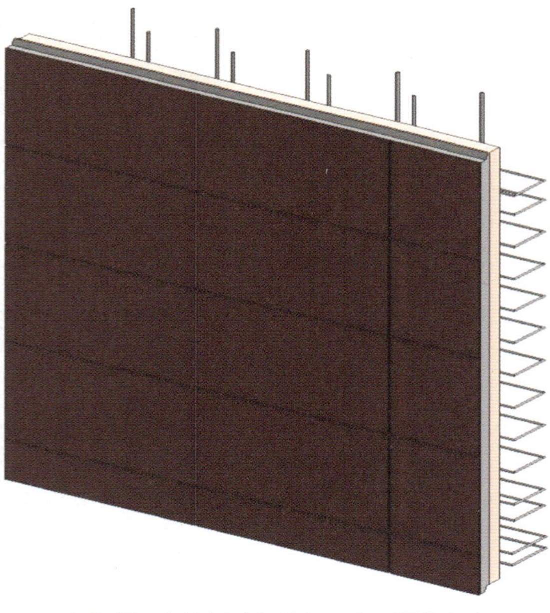

夹心保温外墙板（低能耗一字形带瓷板）

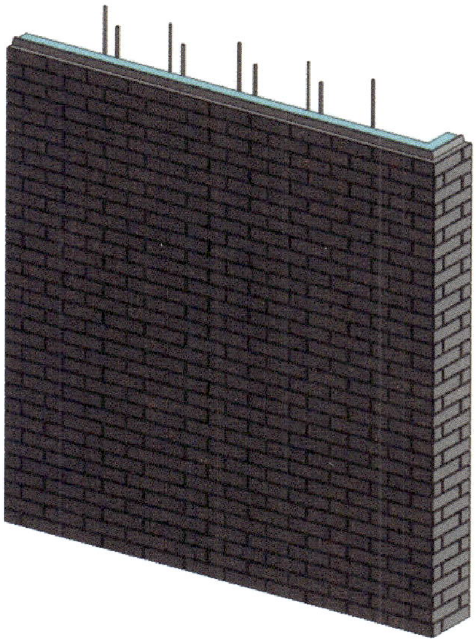

夹心保温外墙板（L 形砖纹）

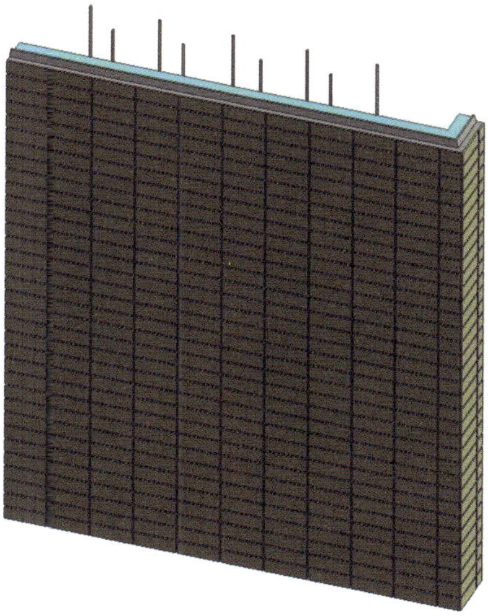

夹心保温外墙板（L 形带瓷砖）

混凝土挂板

UHPC 挂板

扫码观看
节点动画

2.8 其他构造节点

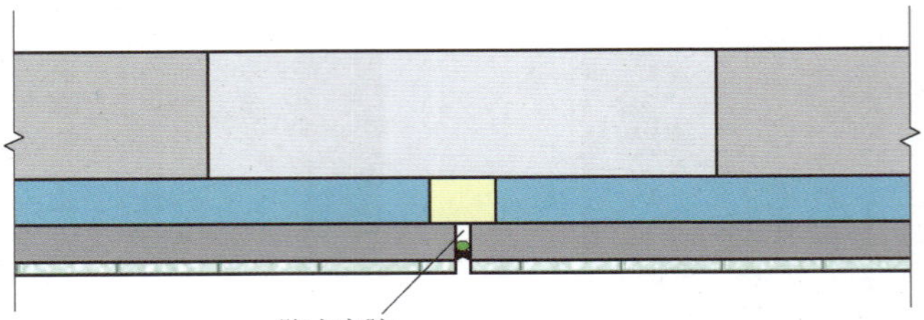

防水及防火节点 1（剖面图）

防水及防火节点 1（轴测图）

扫码观看
节点动画

▲说明：采用内外两道密封。外侧设排水空腔及导水槽，中部嵌填耐候密封胶，内侧设置橡胶条或膨胀止水条，辅以预嵌密封胶带。实现“导水为主、密封为辅”的多道防线。

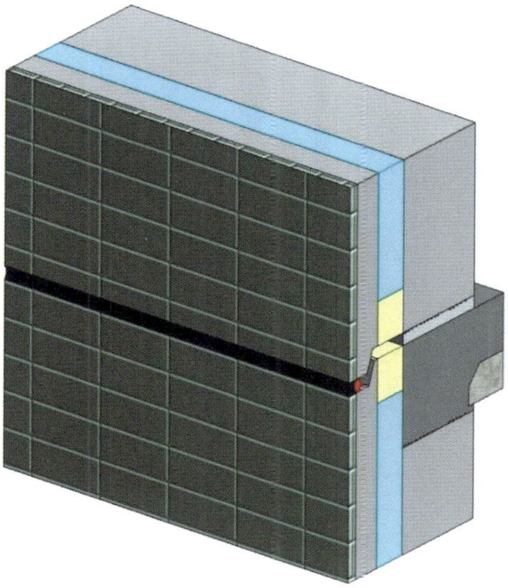

防水及防火节点 2（轴测图）

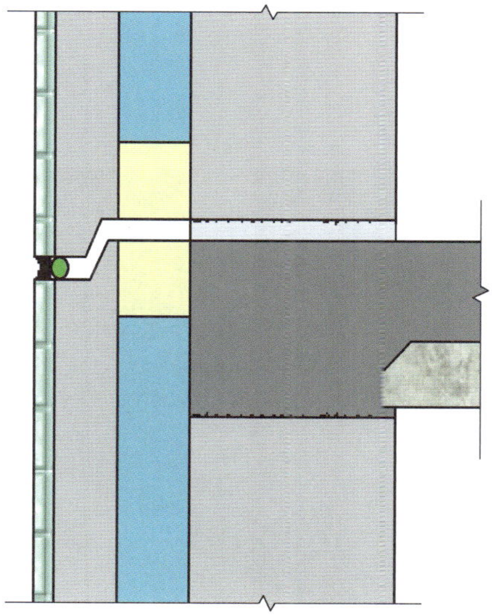

防水及防火节点 2（剖面图）

▲**说明：** 采用企口搭接或台阶式构造，上墙板压盖下墙板，结合披水板及密封胶，形成阶梯式排水路径，避免雨水渗入。所有墙板接缝内填充岩棉等 A 级防火材料，连续填满缝隙，阻断空腔蹿火。

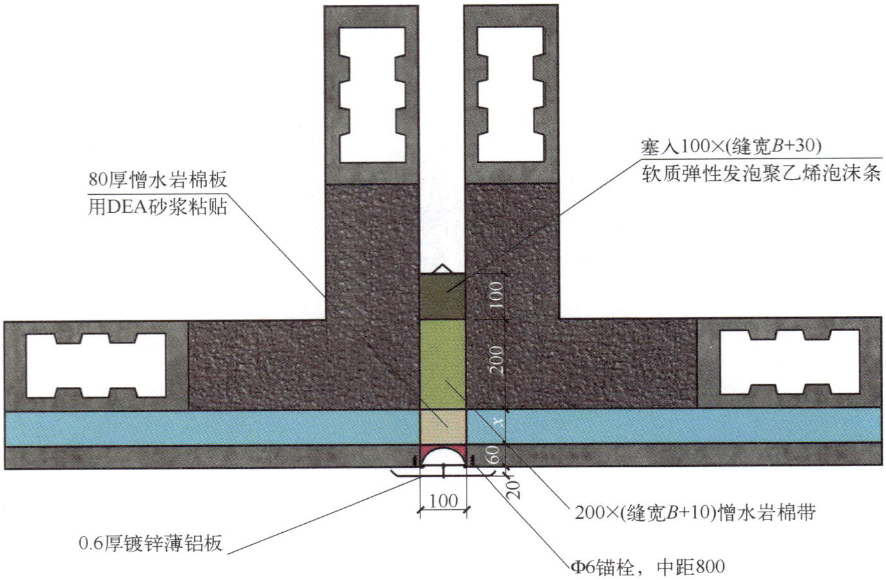

预制节点变形缝 1

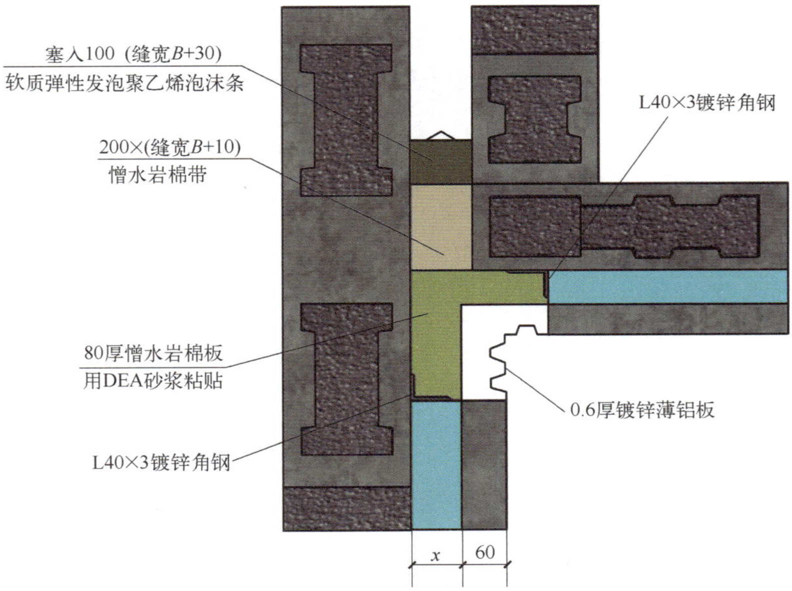

预制节点变形缝 2

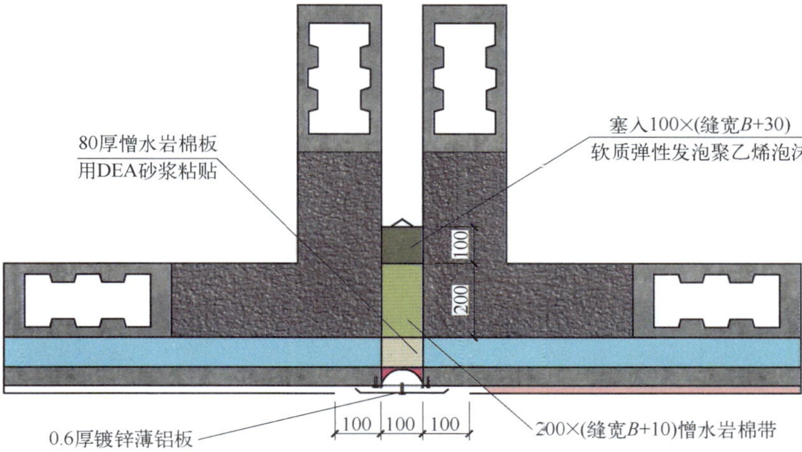

预制节点变形缝 3

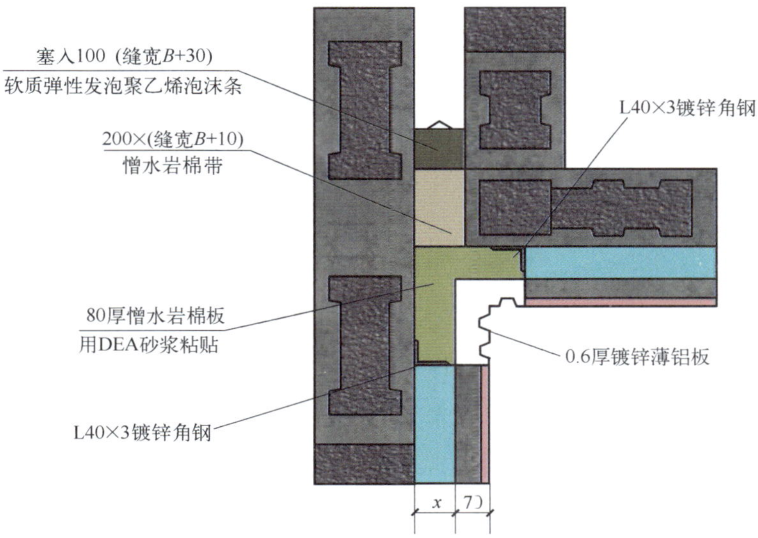

预制节点变形缝 4

▲**说明：** 装配式建筑外墙变形缝设置需提前留有安装尺寸，设计中应提前将预制外墙的外叶板进行缩尺设计。

第3章

装配式混凝土结构构造节点

本章图例说明:

- 预制内叶板
- 预制外叶板
- 后浇混凝土
- 注胶
- 聚苯板
- PE 棒
- 预制混凝土楼板
- 1∶1 水泥砂浆
- 砂浆

3.1 内、外墙构造节点

3.1.1 内墙连接节点

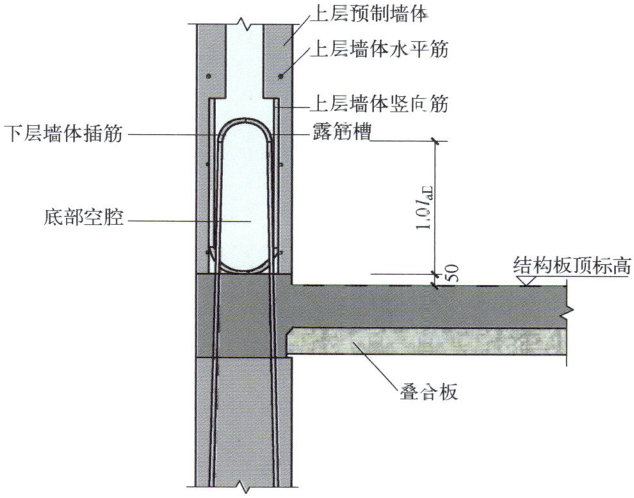

内墙连接节点（剖面图）

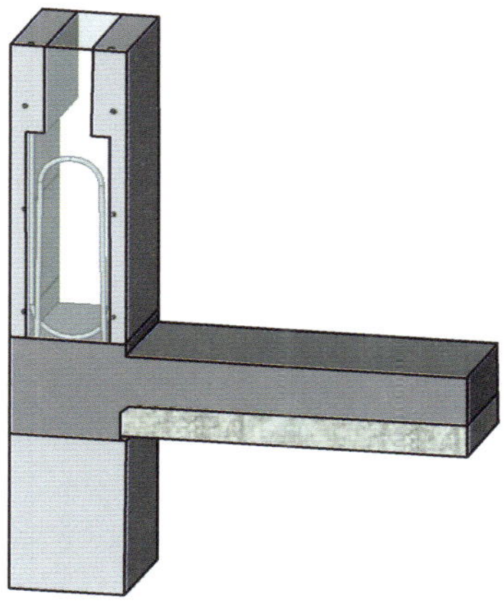

内墙连接节点（轴测图）

▲说明：1. 根据混凝土强度等级、钢筋直径确定竖向筋锚固长度，且不大于空腔高度。

2. 预制墙板顶面、底面及两侧面应设置粗糙面，且平均凹凸深度不宜小于6mm；纵肋空心墙板的钢筋搭接区域的空腔内表面应设置粗糙面，且平均凹凸深度不宜小于4mm。

3.1.2 外墙连接节点

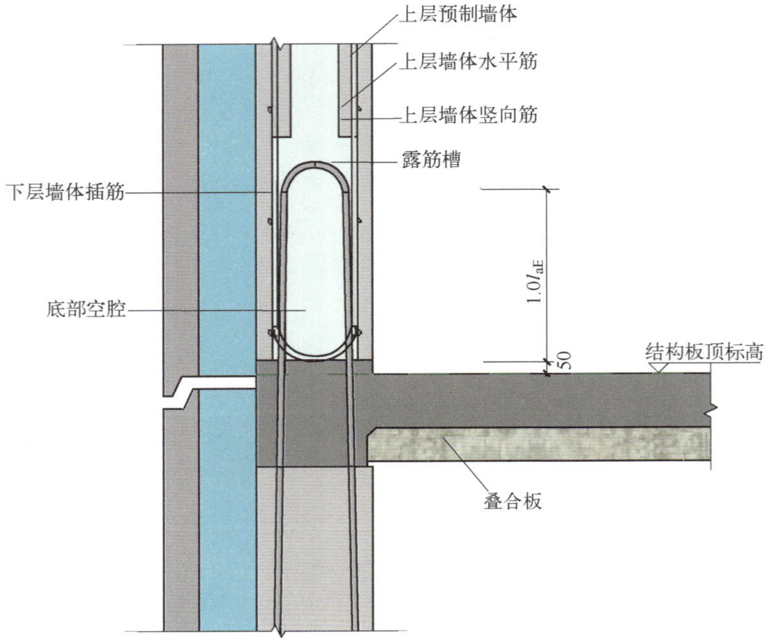

外墙连接节点（剖面图）

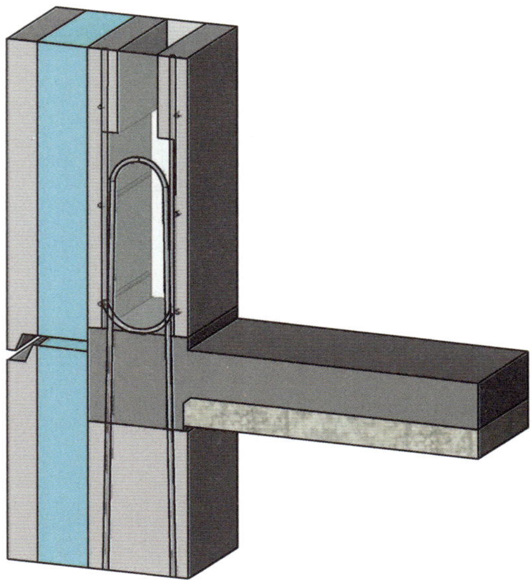

外墙连接节点（轴测图）

扫码观看
节点动画

3.2 水平楼板构造节点

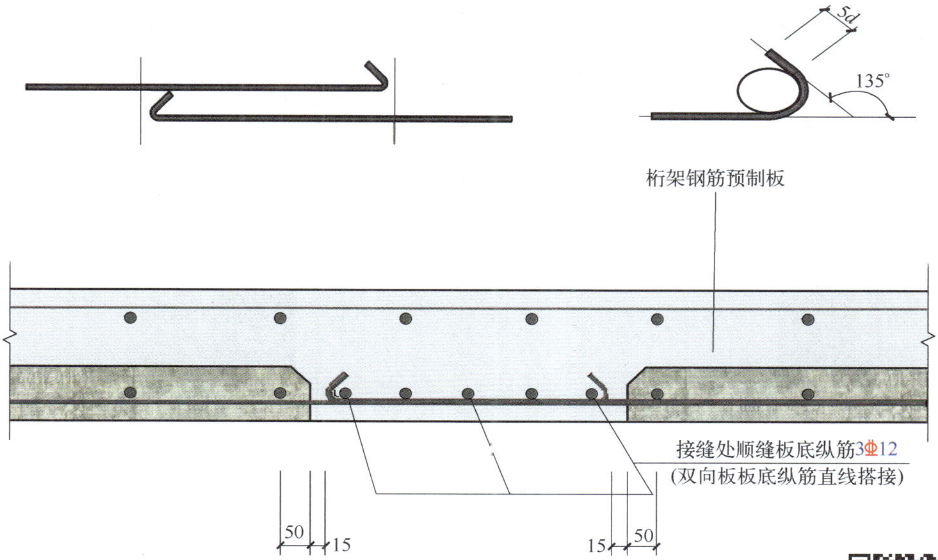

后浇带接缝形式 1

扫码观看
节点动画

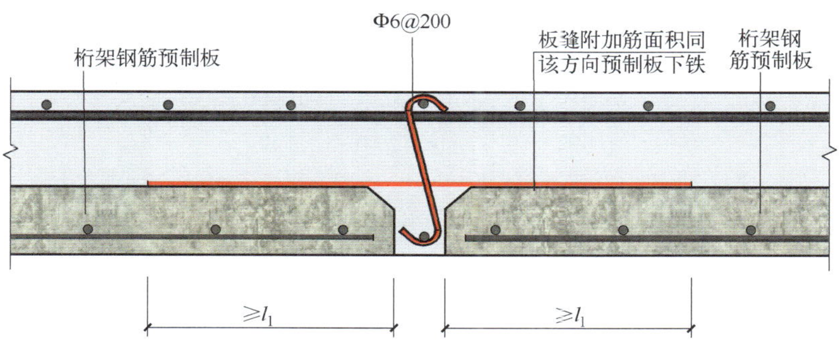

后浇带接缝形式 2

▲**说明：** 根据单向板、双向板不同的受力特点，明确连接节点构造情况。l_1 为附加筋的长度，d 为附加筋的直径。

3.3 阳台板构造节点

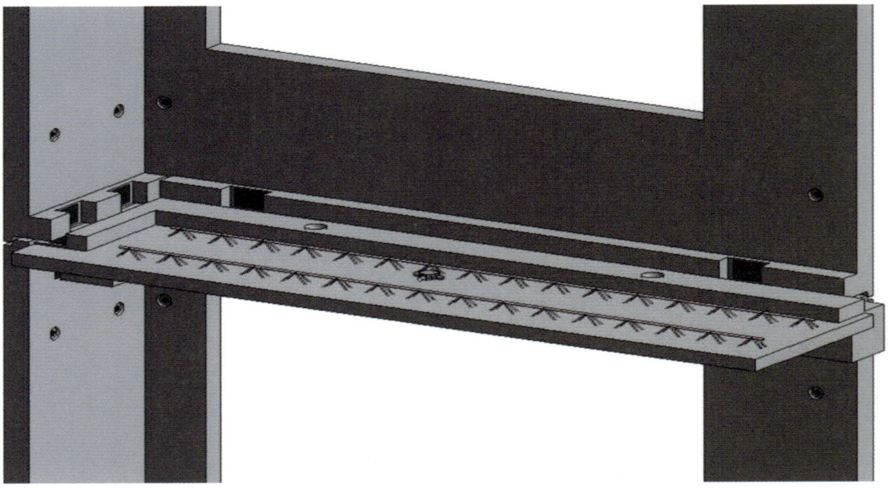

扫码观看节点动画

预制阳台板构造节点 1（轴测图）

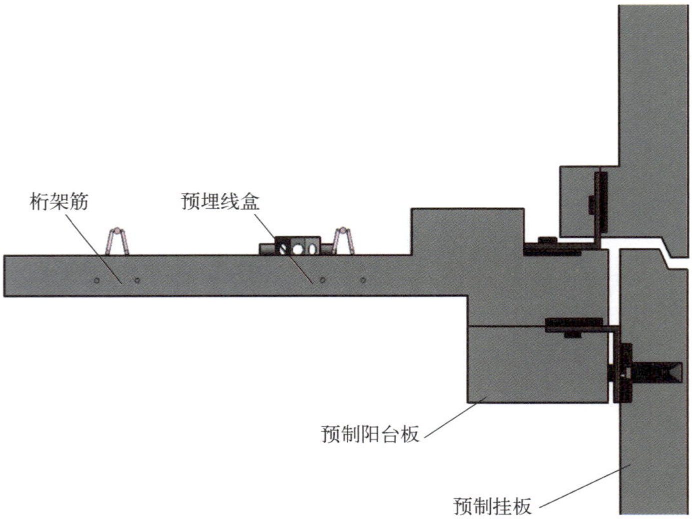

预制阳台板构造节点 1（剖面图）

▲说明：1. 阳台板采用叠合楼板，周边预留预埋件与外围护挂板进行连接。

2. 阳台板与主体结构采用预埋钢筋连接，阳台板与外挂板采用承托式螺栓连接，连接节点置于建筑装饰面之内，不得凸出。

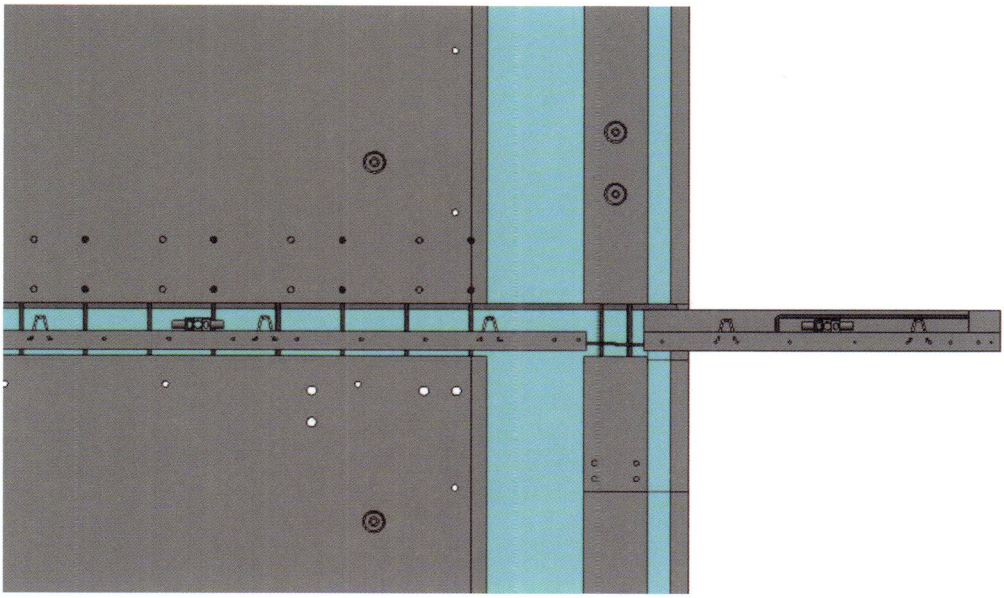

预制阳台板构造节点 2（剖面图）

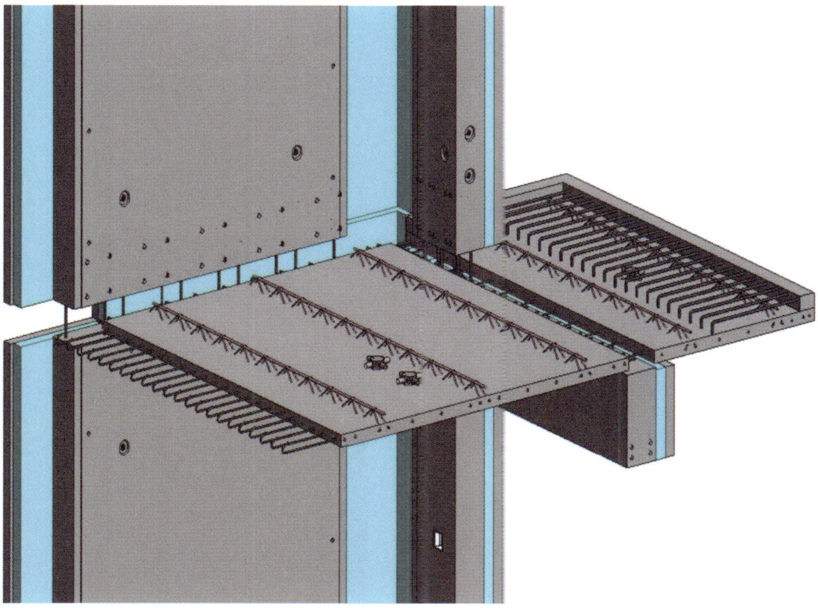

预制阳台板构造节点 2（轴测图）

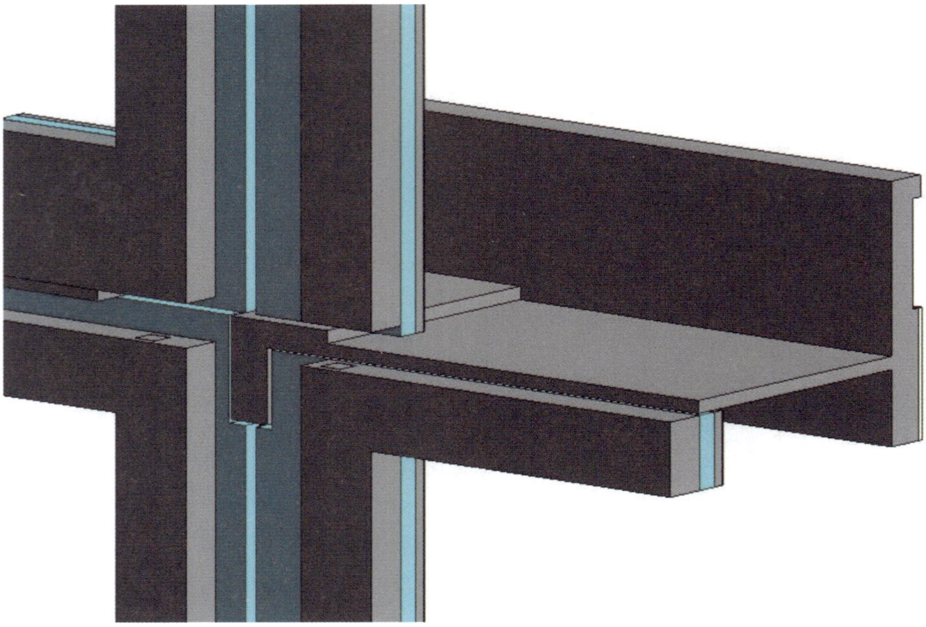

预制阳台板构造节点 3（T 形轴测图）

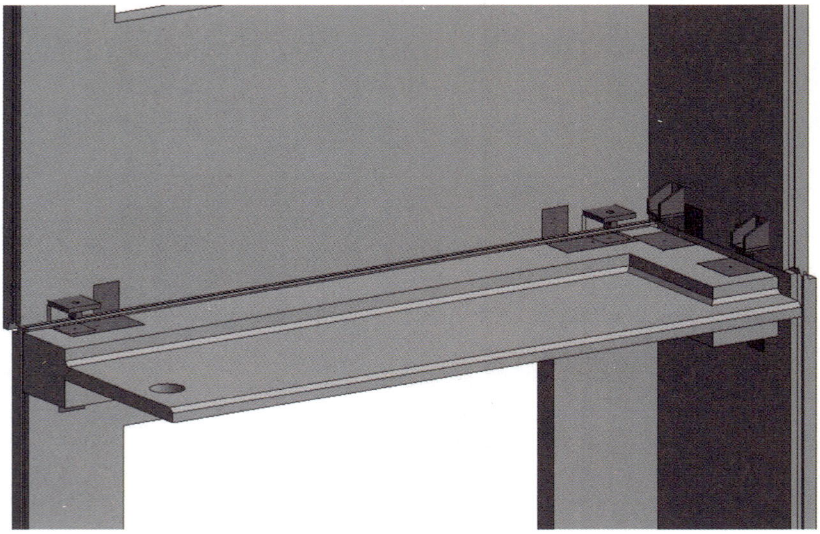

扫码观看
节点动画

预制阳台板构造节点 4（一字形轴测图）

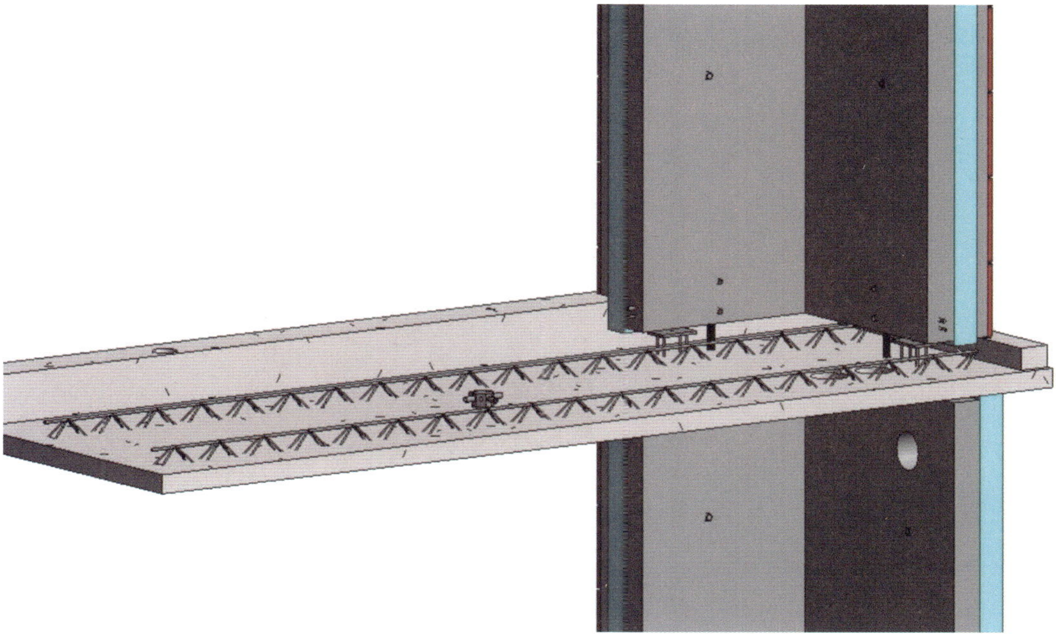

预制阳台板构造节点 5（轴测图）

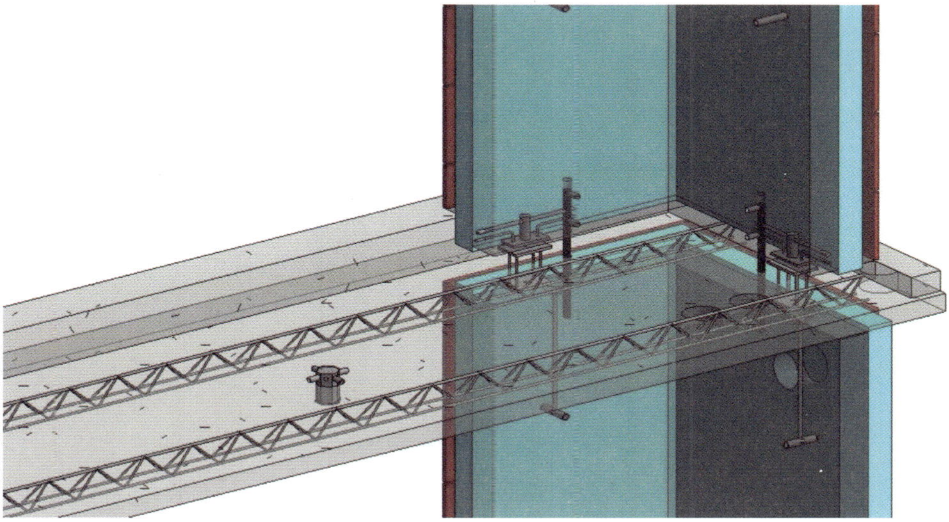

预制阳台板构造节点 6（钢筋布置轴测图）

3.4 空调板构造节点

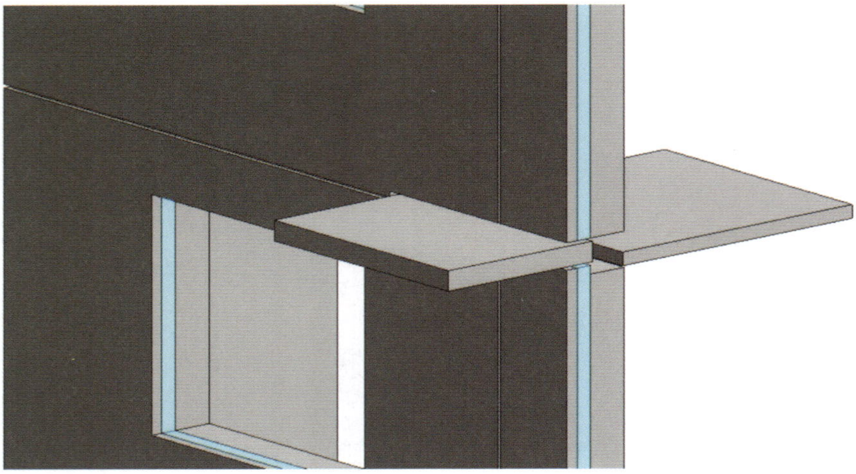

空调板构造节点（外叶板）

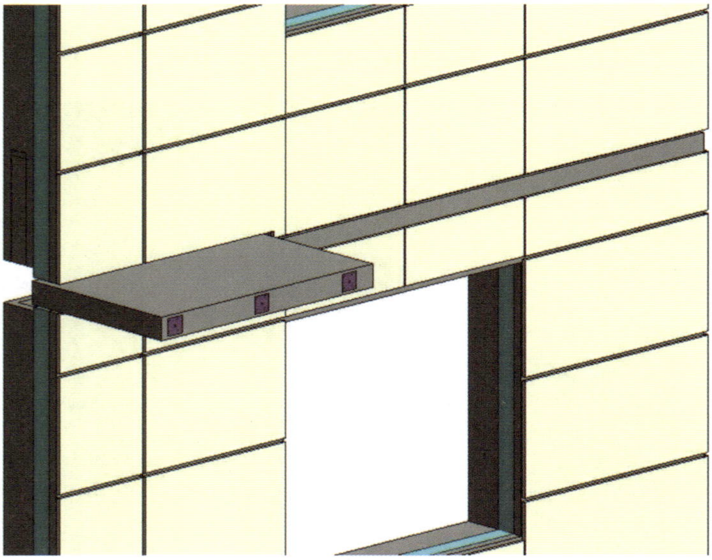

空调板构造节点（带瓷板）

▲**说明：**空调板保温部位及外叶板预留缺口，安装间隙为20mm。

3.5 楼梯板构造节点

3.5.1 楼梯固定铰端安装节点

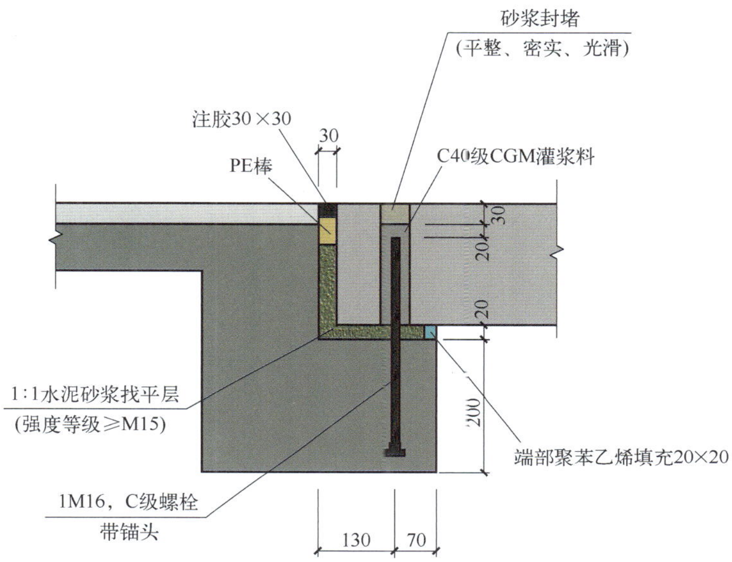

楼梯固定铰端安装节点 1（剖面图）

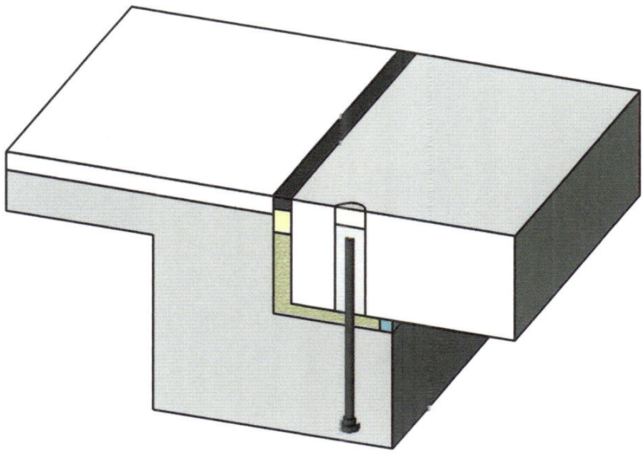

楼梯固定铰端安装节点 1（轴测图）

扫码观看
节点动画

▲**说明**：预制楼梯梯段采用上端固定、下端滑动的连接方式。梯段搁置于梁或墙牛腿之上。

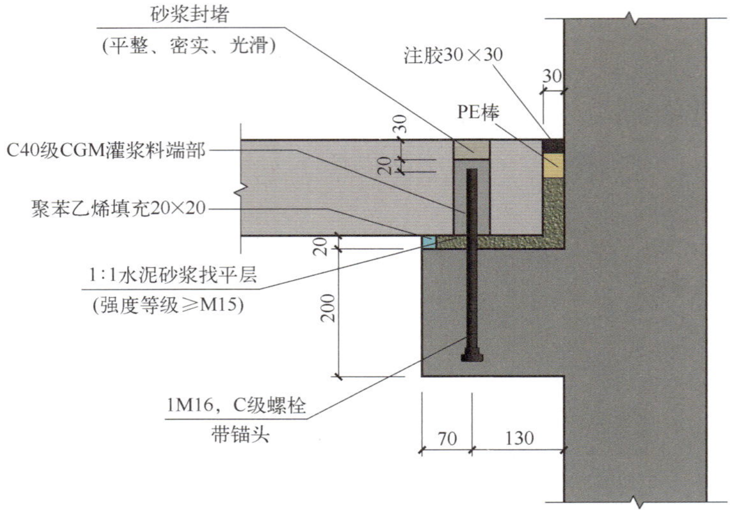

楼梯固定铰端安装节点 2（剖面图）

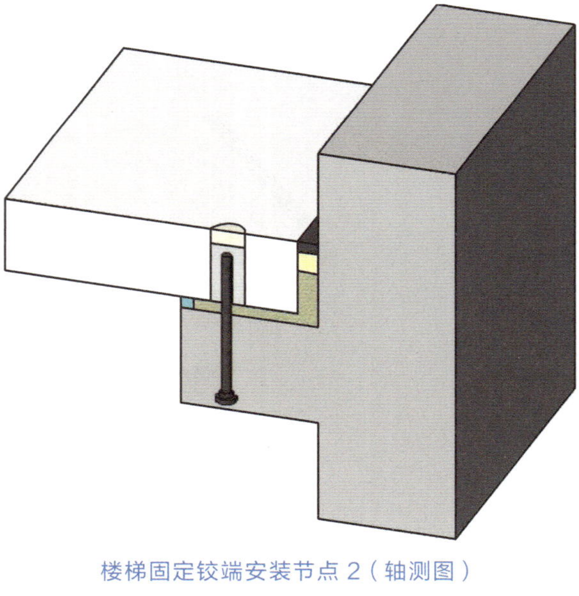

楼梯固定铰端安装节点 2（轴测图）

3.5.2 楼梯滑动端安装节点

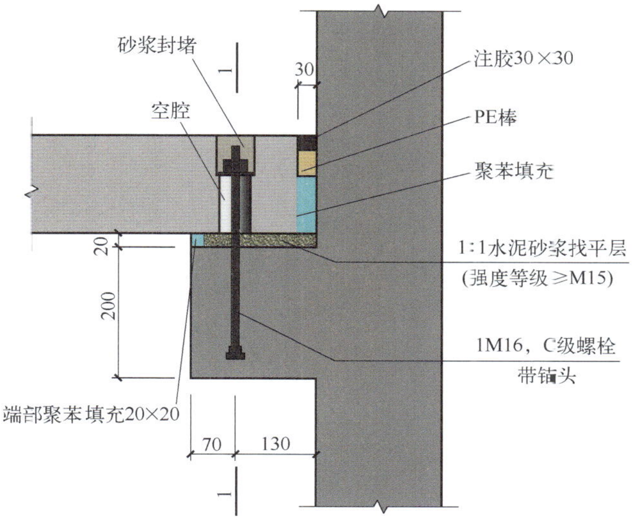

楼梯滑动端安装节点 1（剖面图）

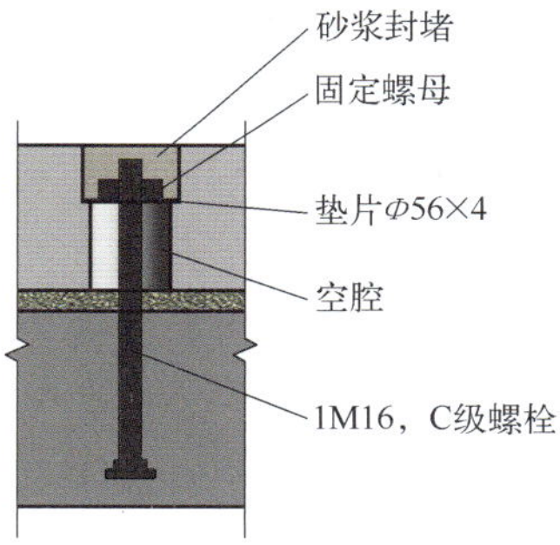

1—1 断面图

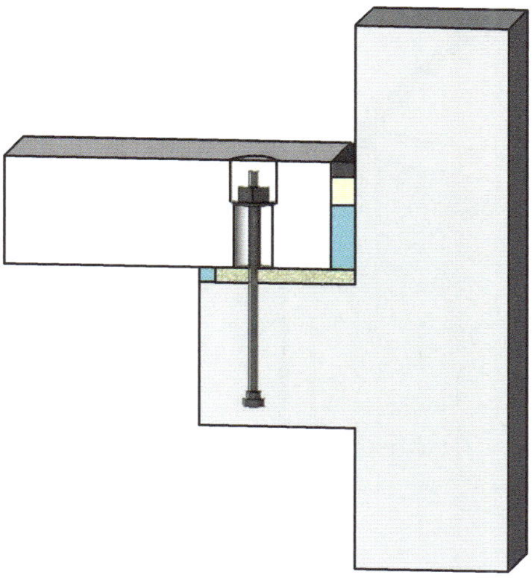

楼梯滑动端安装节点 1（轴测图）

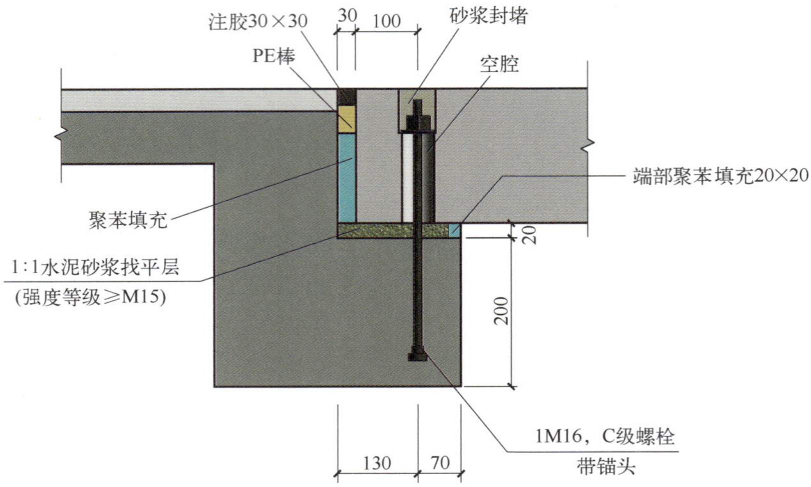

楼梯滑动端安装节点 2（剖面图）

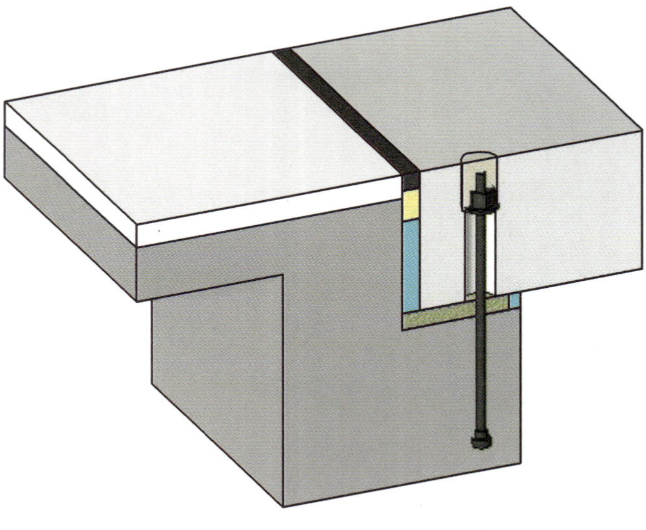

楼梯滑动端安装节点 2（轴测图）

3.6 预制女儿墙构造节点

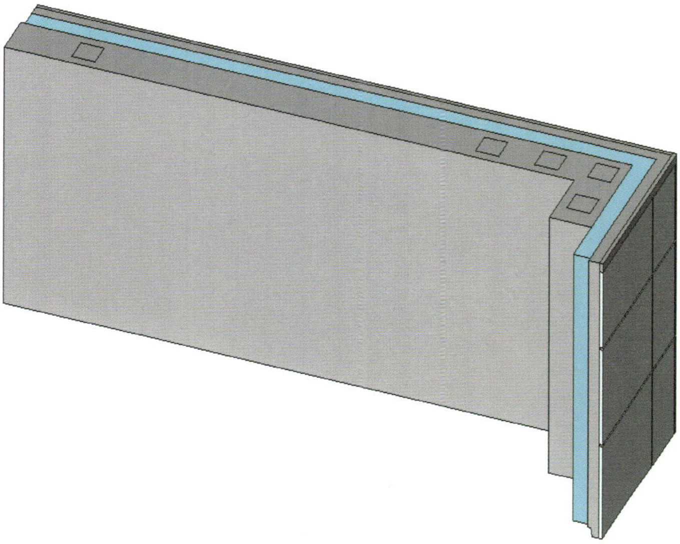

预制女儿墙

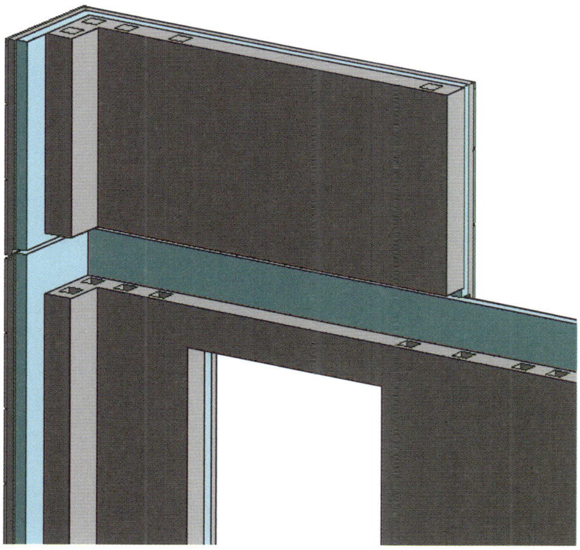

预制女儿墙与下层墙体连接

▲说明：女儿墙建议采用竖向螺栓连接形式，竖向传力，便于施工。

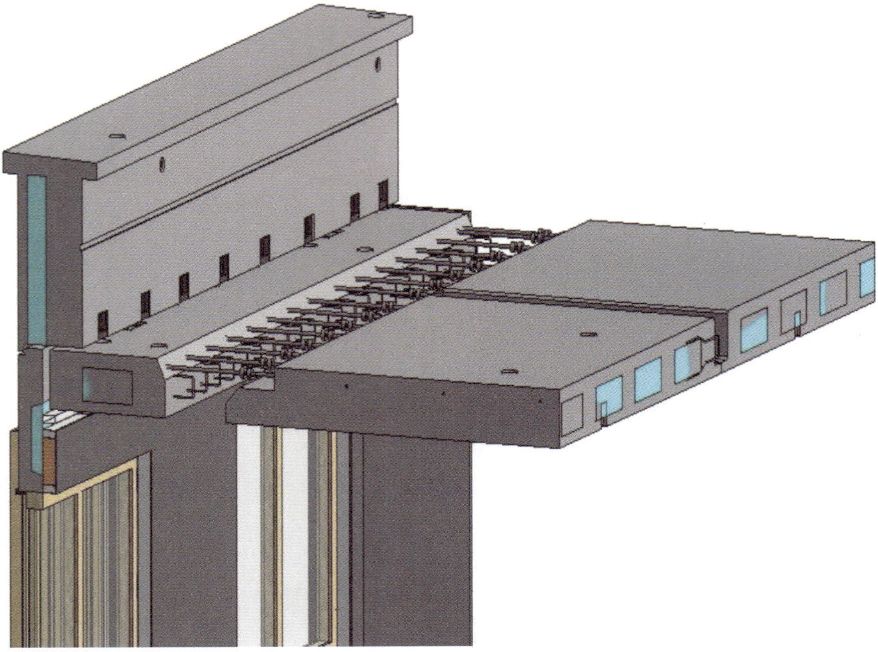

预制女儿墙构造节点 1（轴测图）

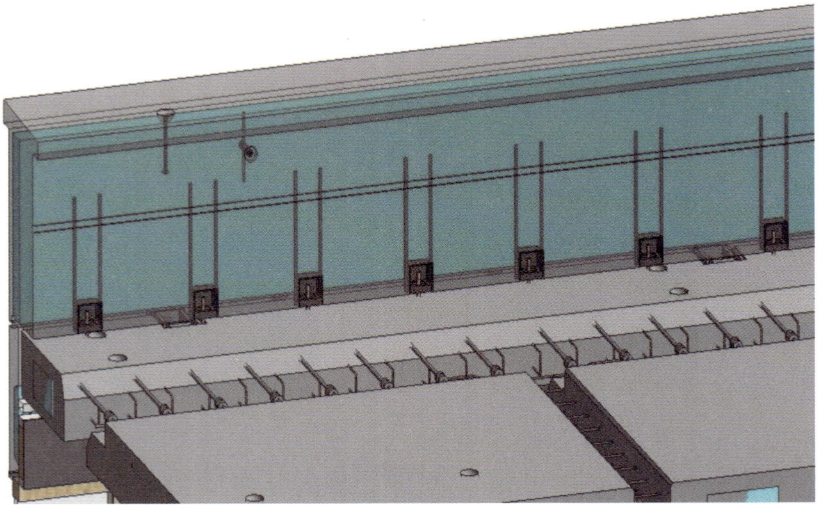

预制女儿墙构造节点 2（轴测图）

3.7 转换层插筋节点

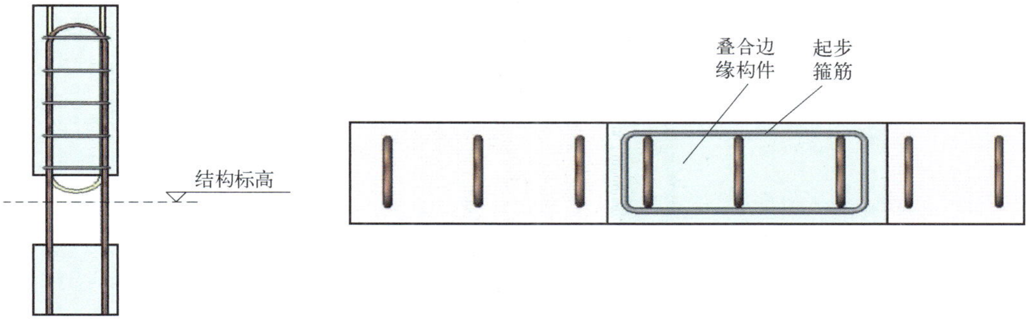

叠合边缘构件和结构地面之间的起步箍筋（叠合边缘构件即预制暗柱）

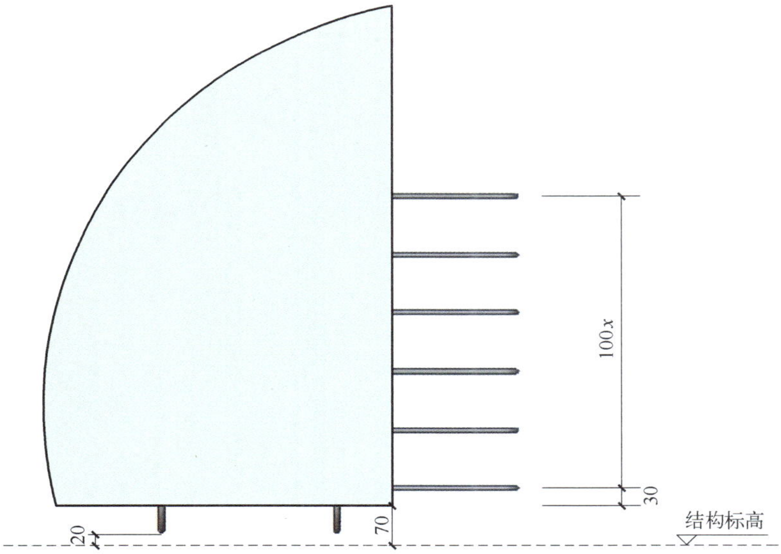

墙板和起步筋高度、纵筋底部高度

▲**说明：**1. 转换层每块墙体应制作单独的定位钢板模具，开孔宽度为插筋直径加 2～3mm，长度为 125mm。钢筋定位应采用专用卡具。

2. x 表示钢筋布置之间的间距数量。

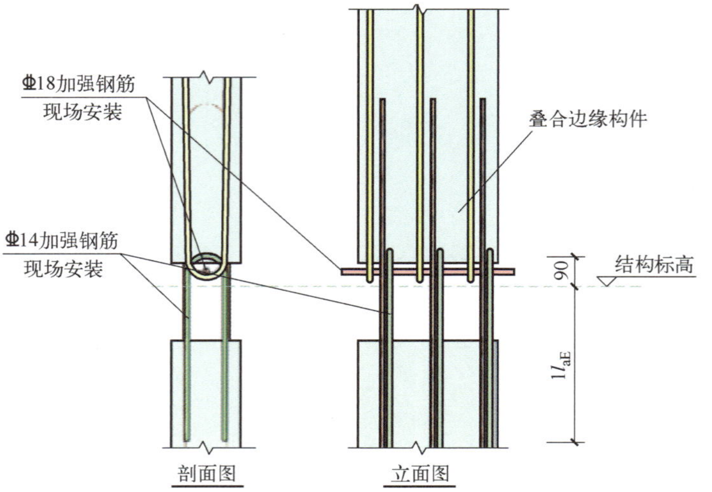

纵向钢筋直径 18/20 构件底部加强筋

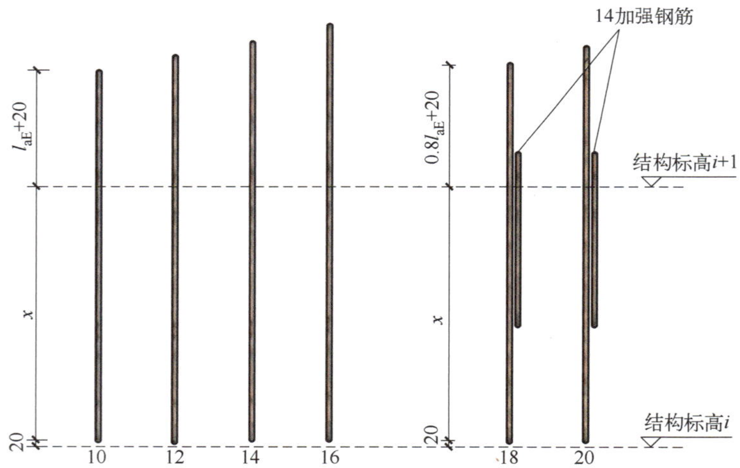

纵向钢筋预留长度

▲**说明：**当下层墙体伸出的预留环状搭接钢筋直径大于 16mm 且不大于 20mm 时，下层墙体向上预留的环状搭接钢筋内需设置附加锚环，附加锚环直径不宜小于 14mm，附加锚环与环状搭接钢筋双面贴焊且焊接长度不应小于附加锚环直径的 5 倍。一般选用热轧带肋钢筋，i 代表不同楼层。

3.8　夹心保温内外叶连接件

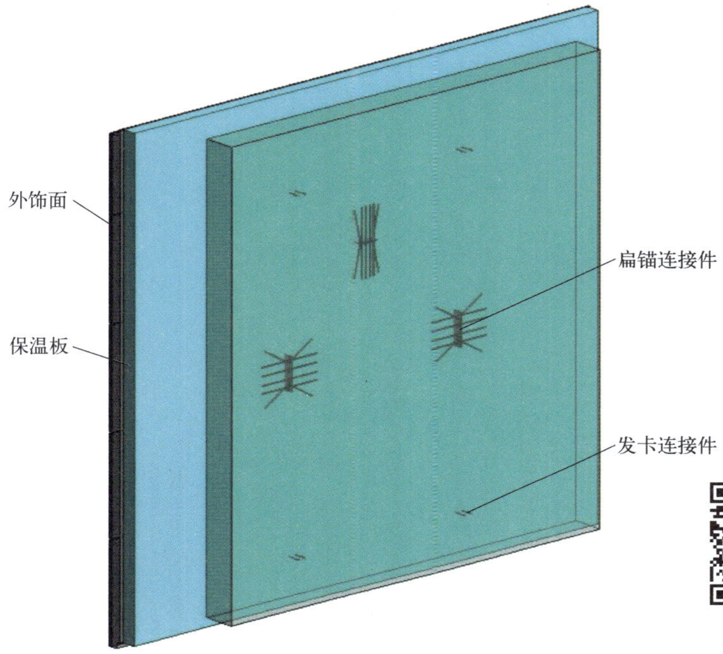

拉结件布置图

扫码观看
节点动画

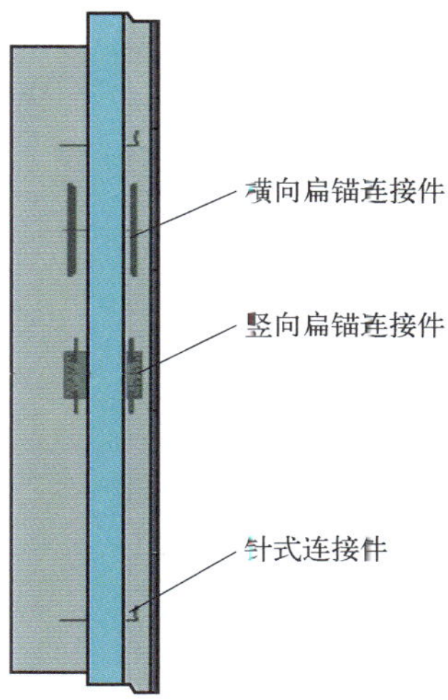

侧视图

▲说明：对点支承夹心保温外挂墙板与主体结构的承重连接点不应少于2个，面外连接点不应少于4个。

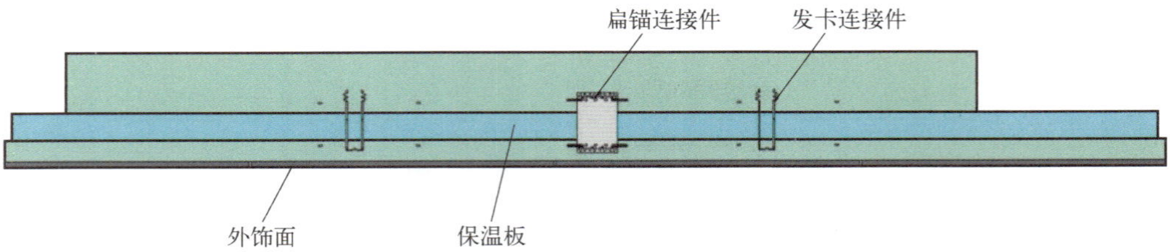

拉结件剖面图

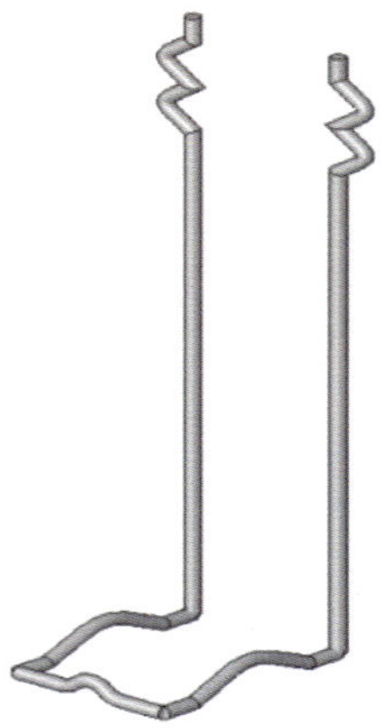

发卡连接件

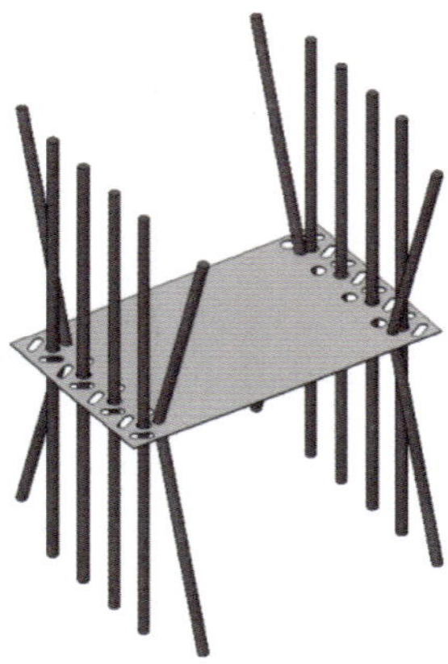

扁锚连接件（200×120）

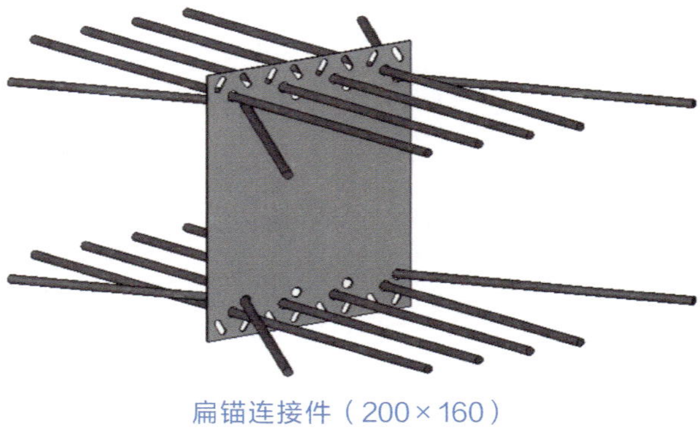

扁锚连接件（200×160）

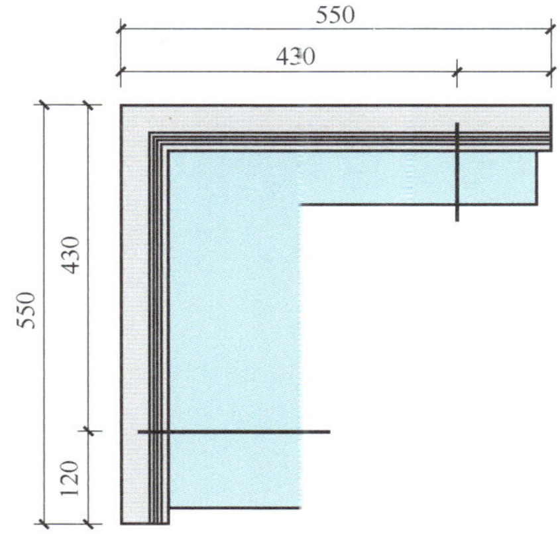

PCF 板（俯视图）

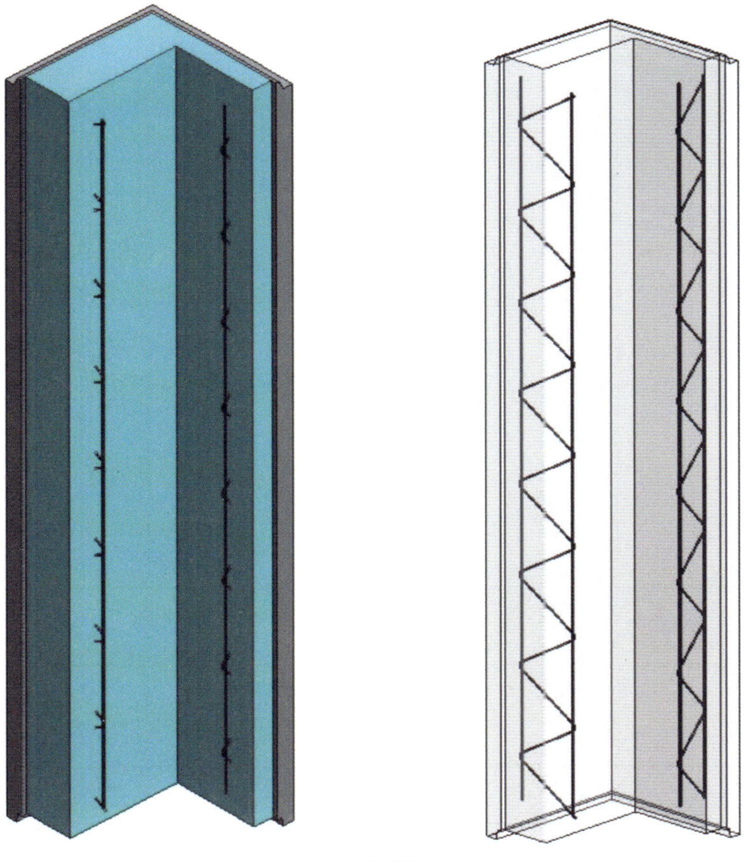

PCF 板

扫码观看
节点动画

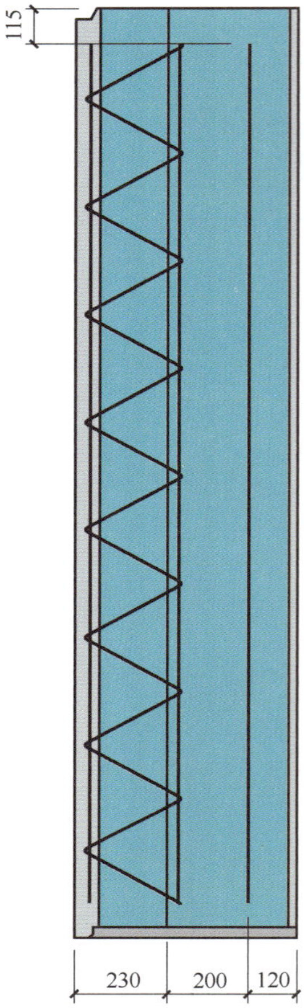

正视图

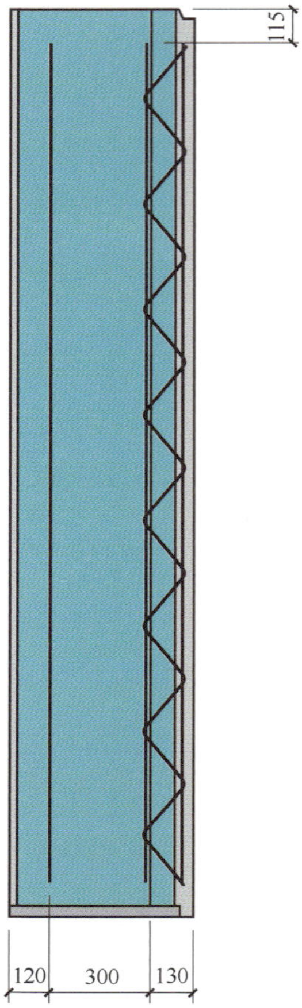

右视图

①佩克连接件PDM-220-2700　　1件

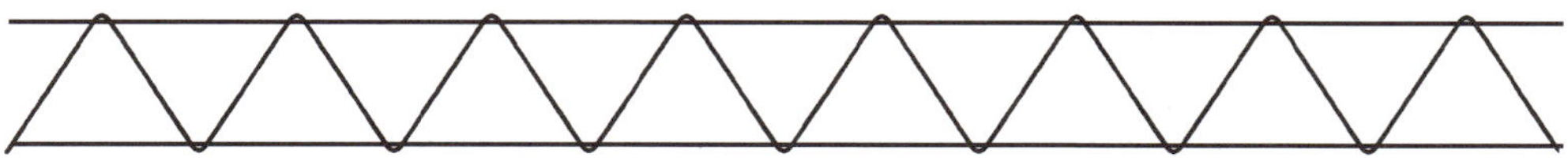

②佩克连接件PDM-120-2700　　1件

佩克连接件大样图

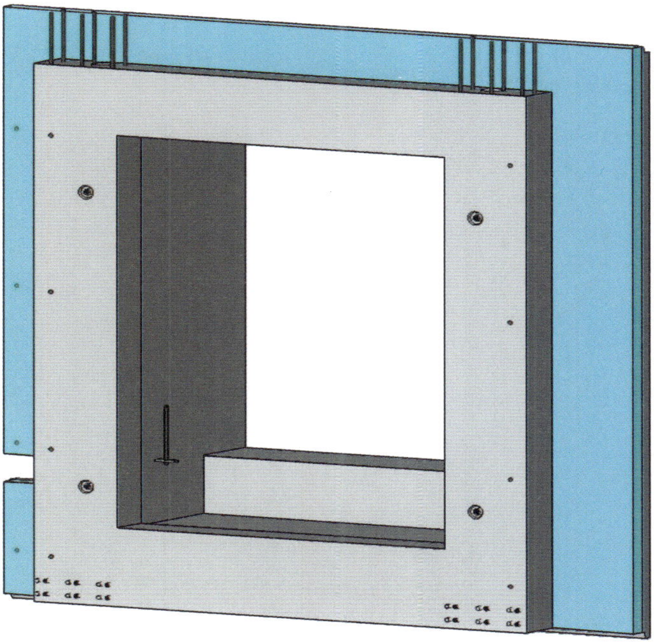

夹心保温外墙板（飘窗） 1

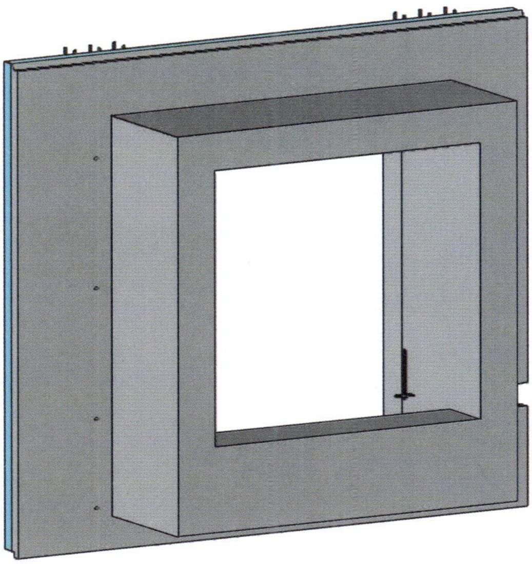

夹心保温外墙板（飘窗） 2

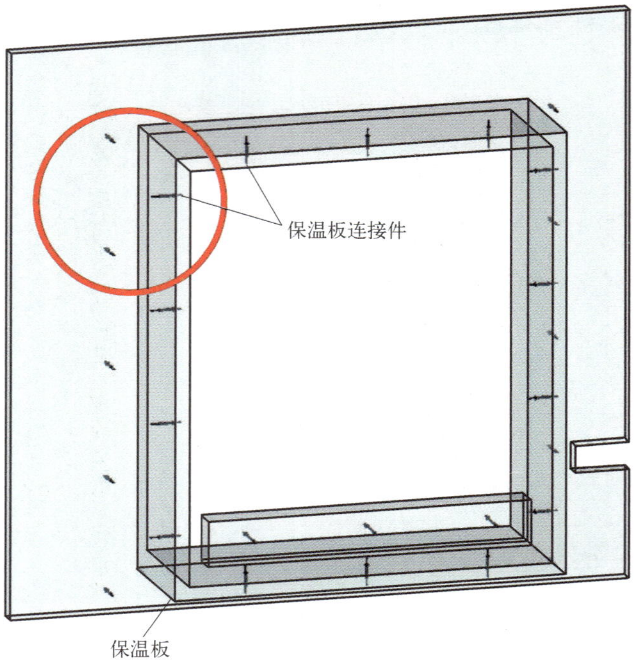

保温板连接件展示

玻纤保温板连接件大样

扫码观看
节点动画

3.9 预制隔墙板构造节点

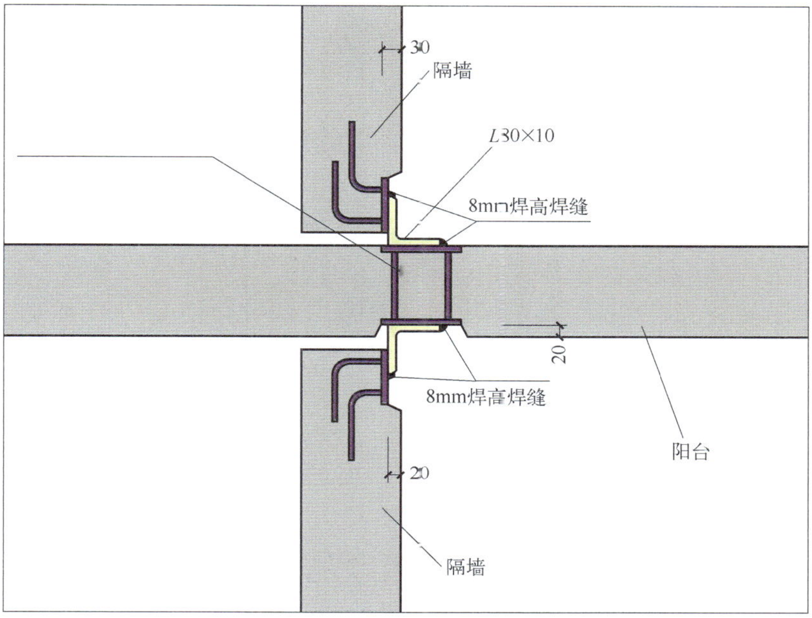

预制隔墙板构造节点（剖面图）

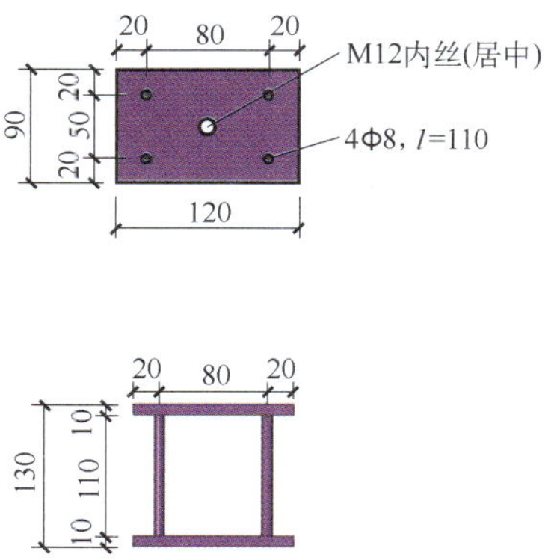

阳台埋件 1

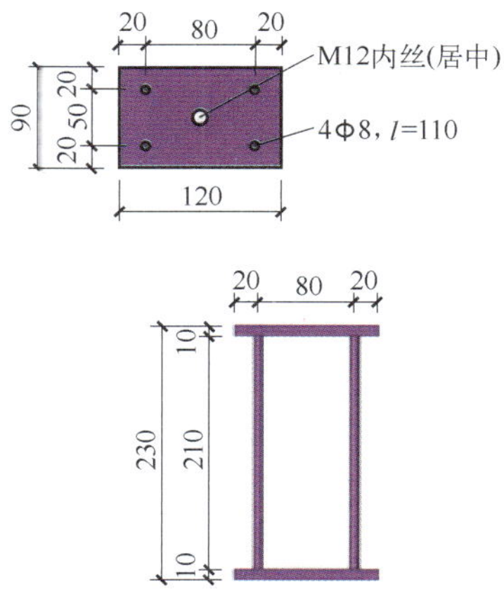

阳台埋件 2

▲说明： 外露连接件做防腐处理，在焊接处去除焊接熔渣，一道防锈底漆，两道防锈面漆，涂层厚度不小于 80μm。

L 为钢筋长度。

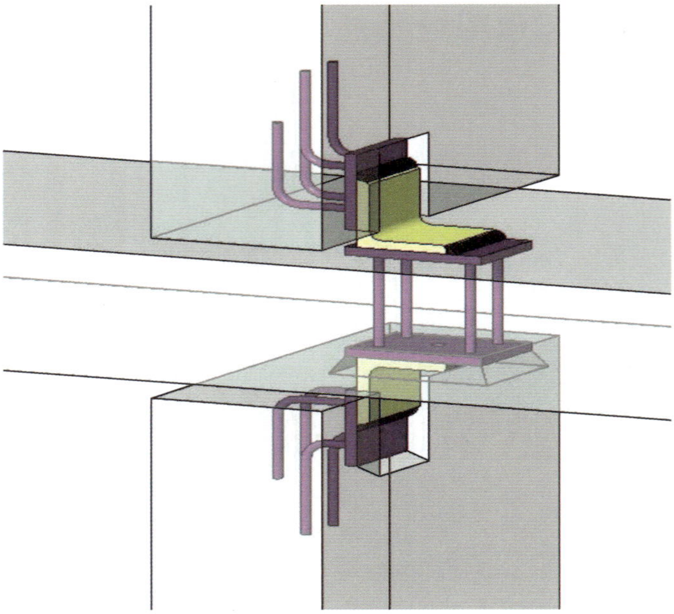

预制隔墙板构造节点

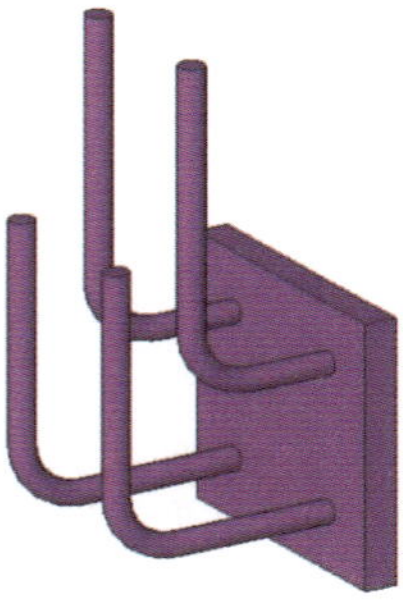

隔墙埋件

阳台埋件

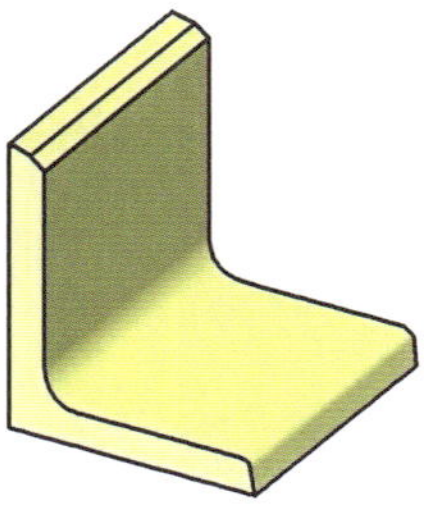

垫片

3.10 预制外挂板构造节点

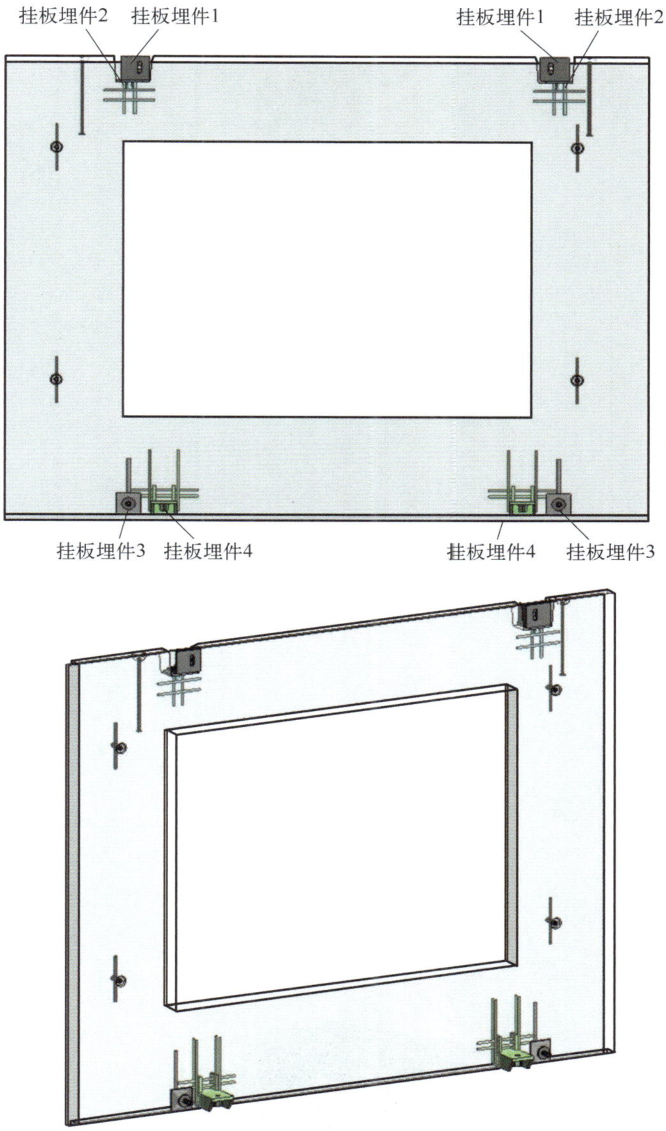

标准层预制外挂板模板图

扫码观看
节点动画

▲说明： 外挂墙板与主体结构采用点支承连接时，面外连接点不应少于 4 个，竖向承重连接点不宜少于 2 个；外挂墙板承重节点验算时，选取的计算承重连接点不应多于 2 个。

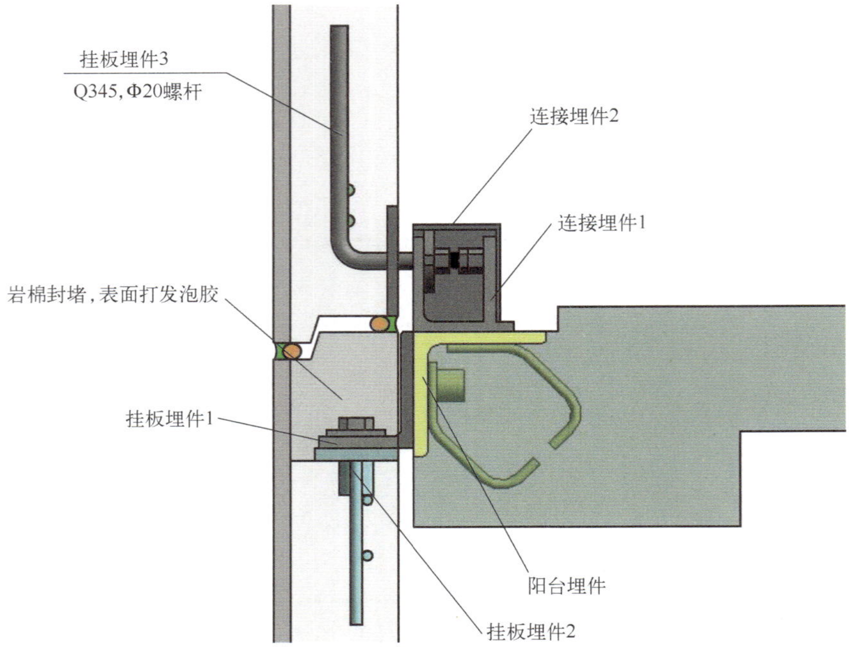

①

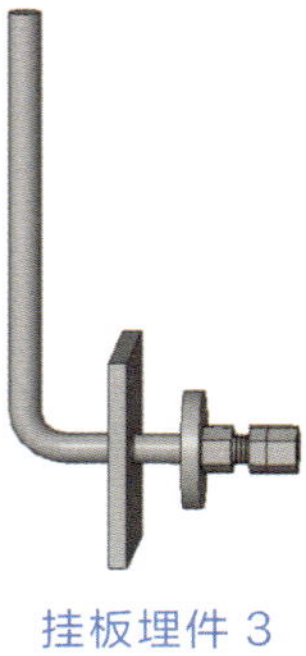

挂板埋件 3

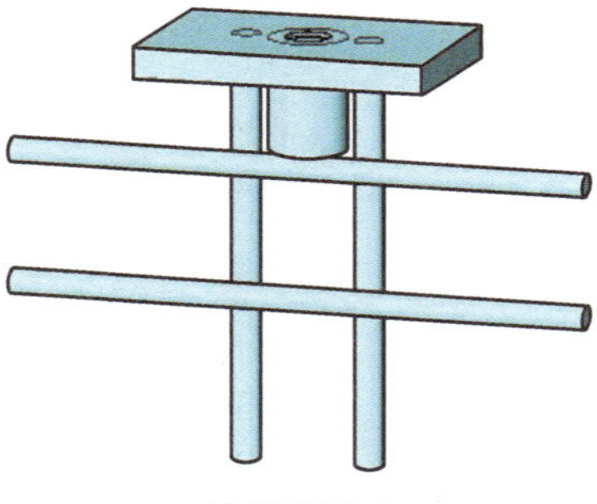

挂板埋件 2

挂板埋件 1

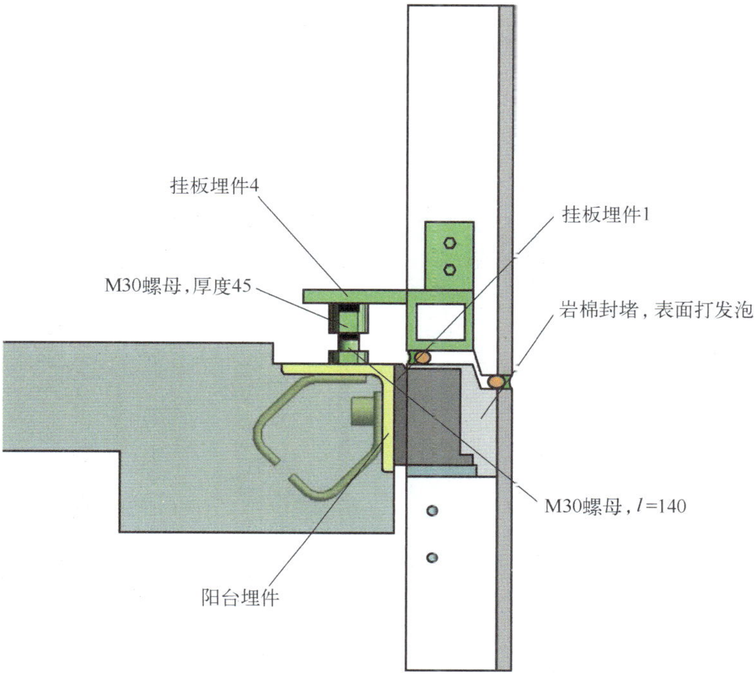

②

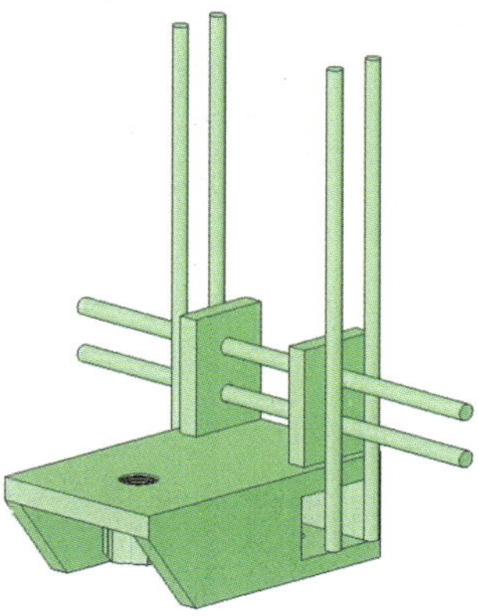

挂板埋件 4

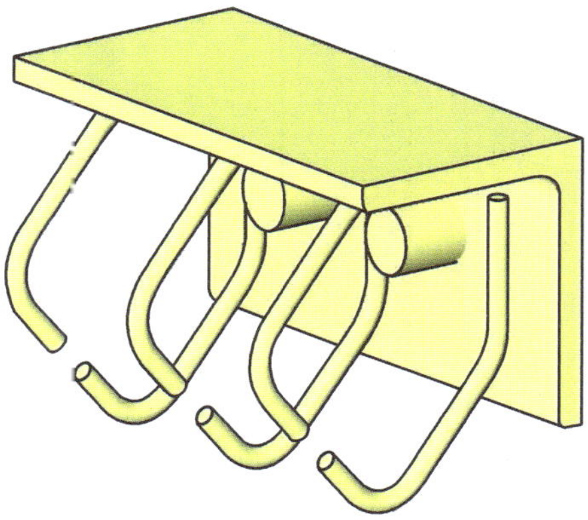

阳台埋件

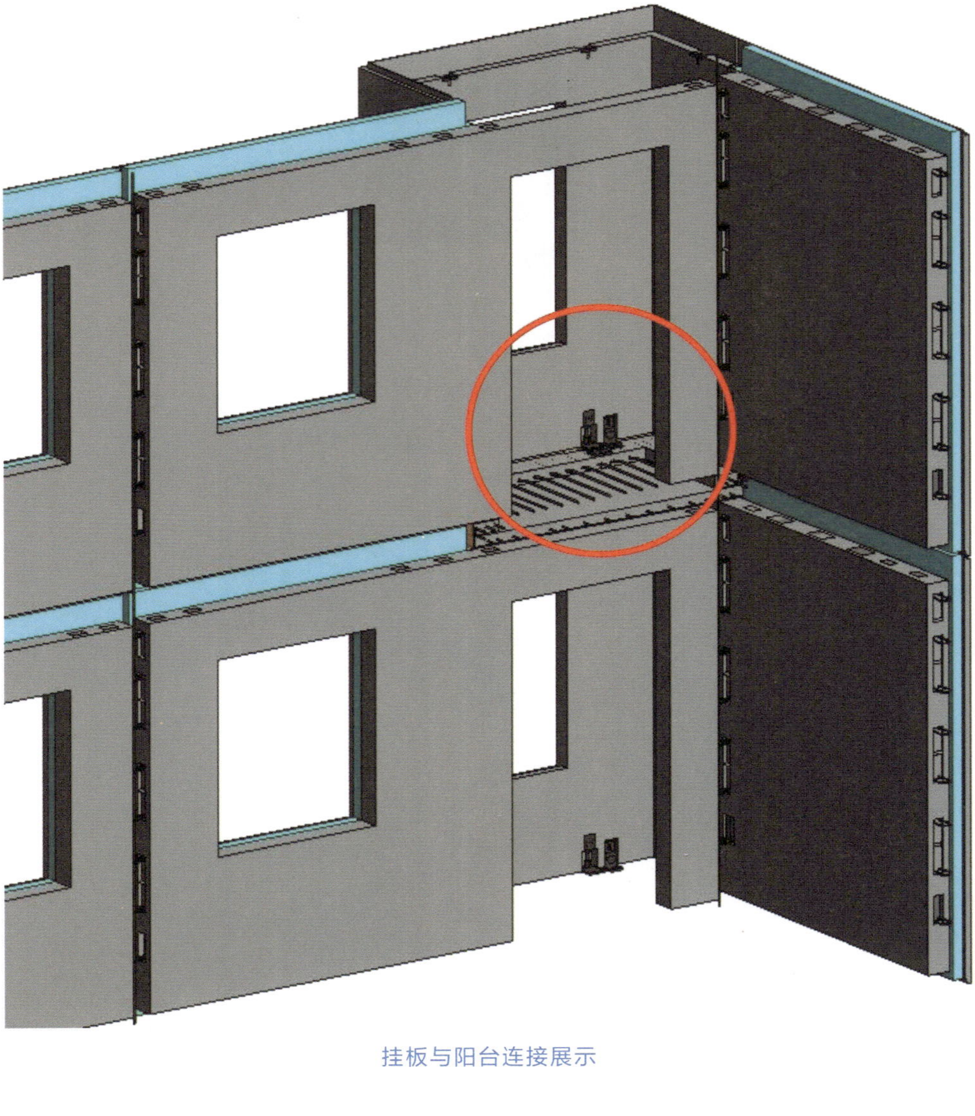

挂板与阳台连接展示

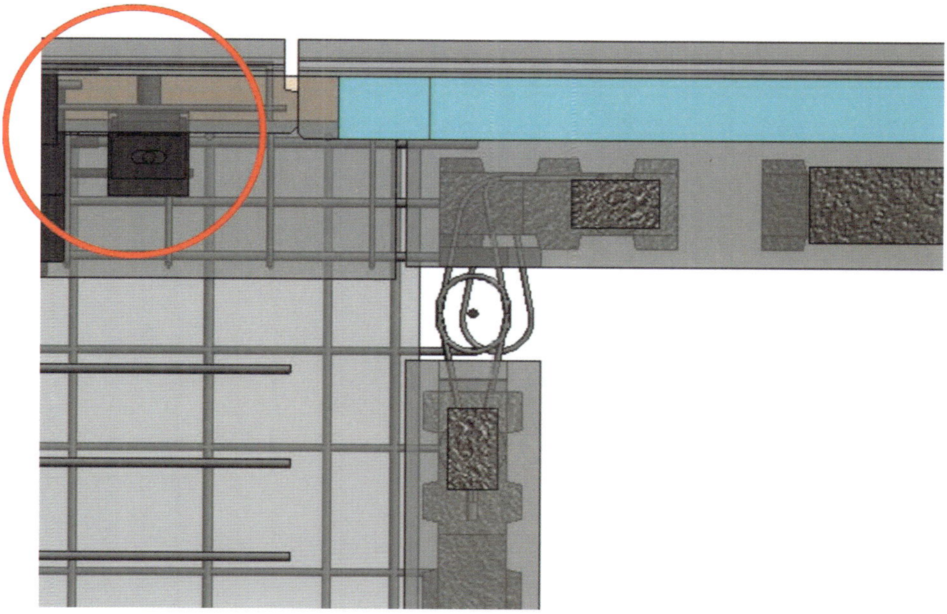

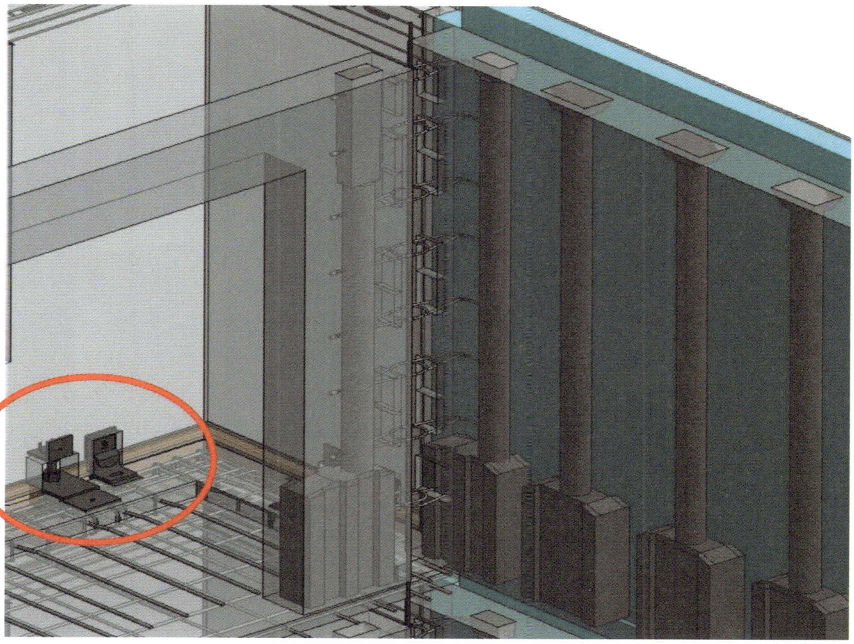

挂板与阳台连接节点

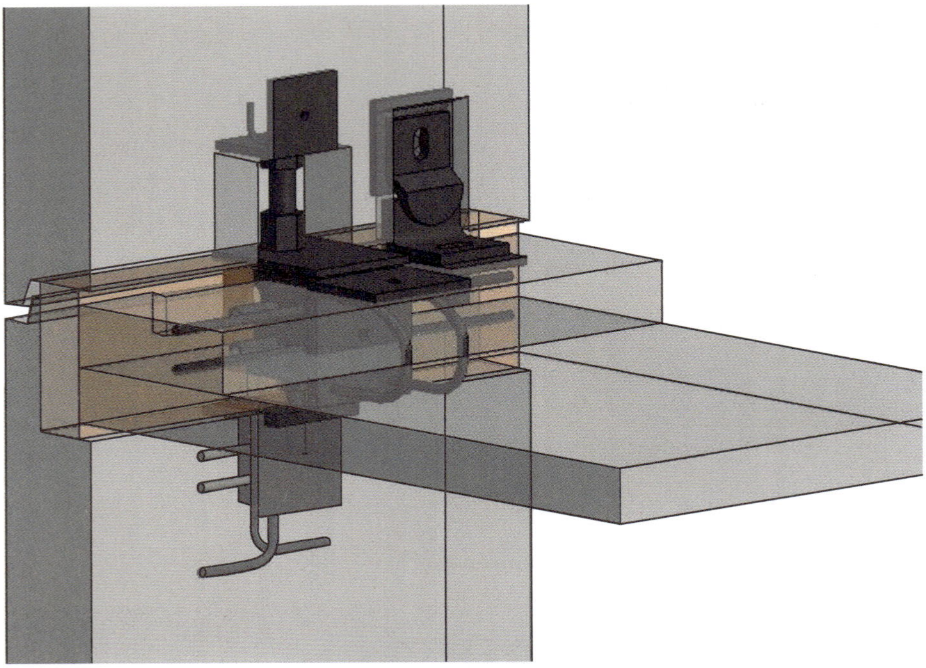

挂板与阳台连接节点大样

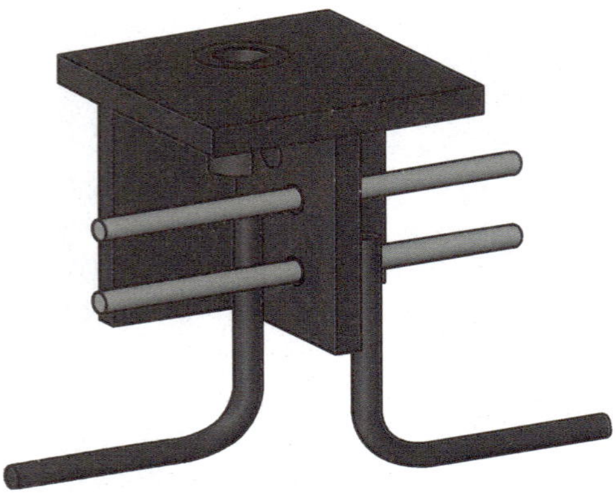

埋件 1

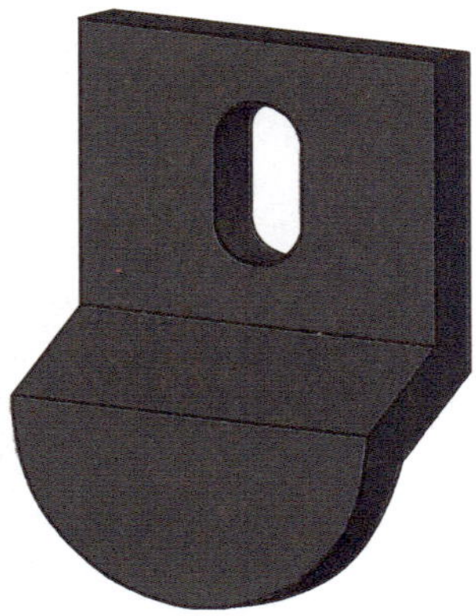

埋件 2

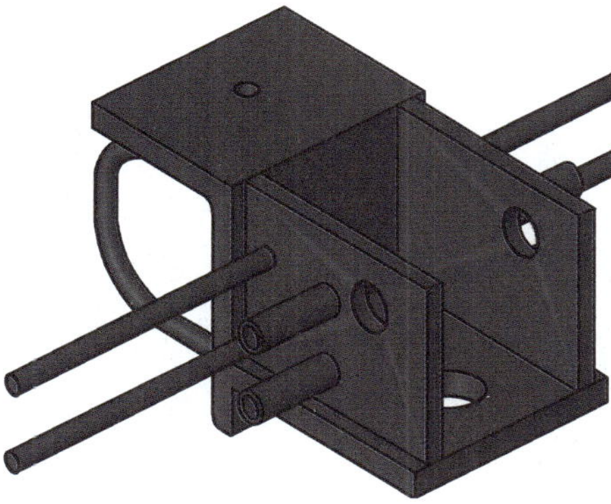

埋件 3

埋件 4

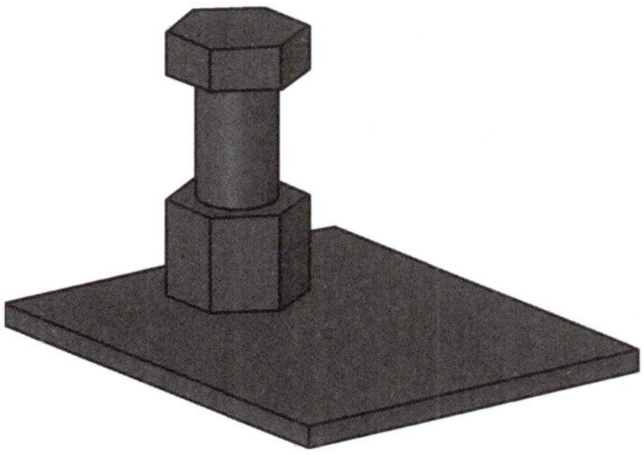

埋件 5

埋件 6

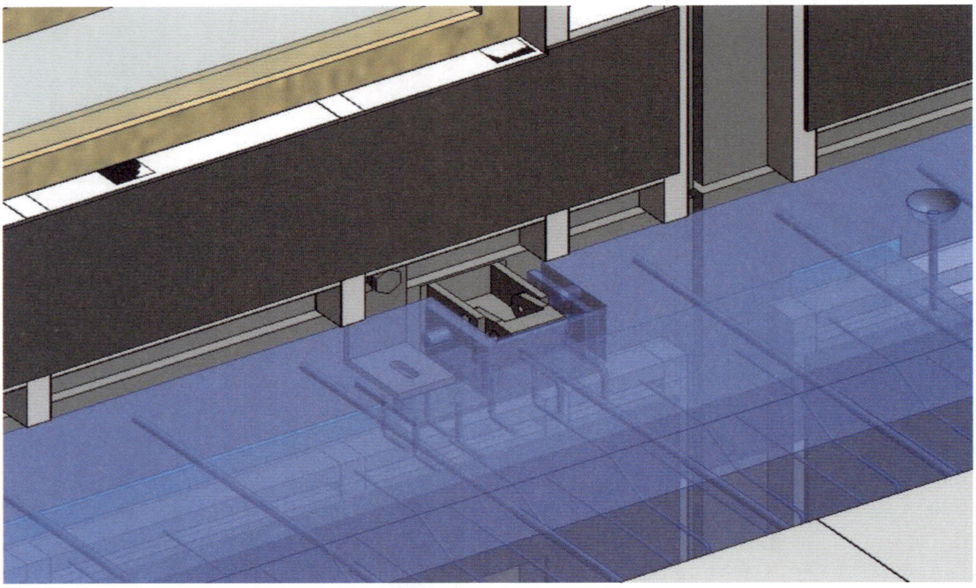

挂板阳台连接节点

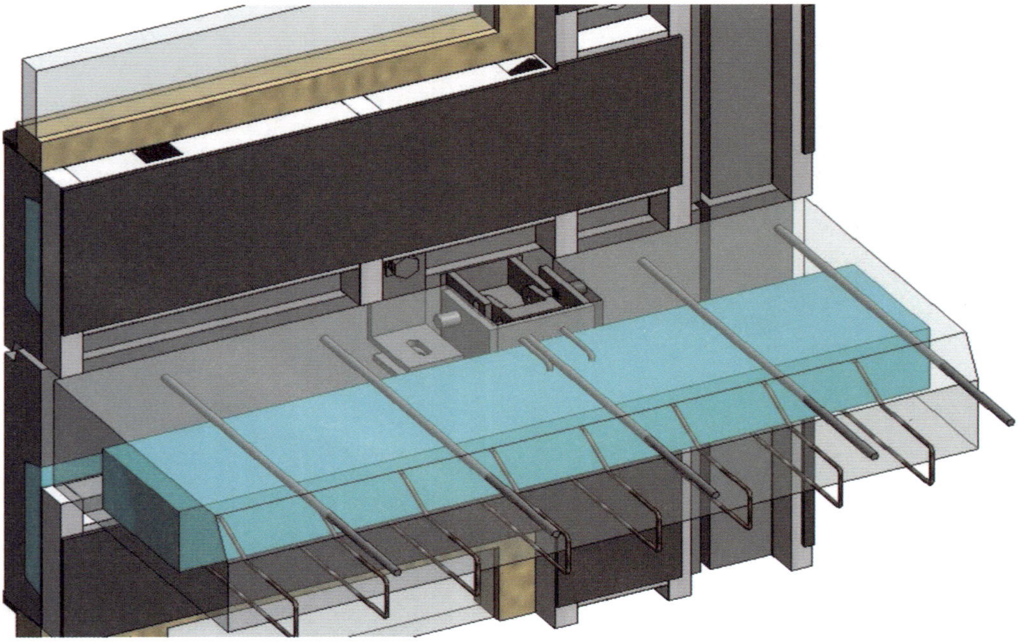

挂板阳台连接节点大样

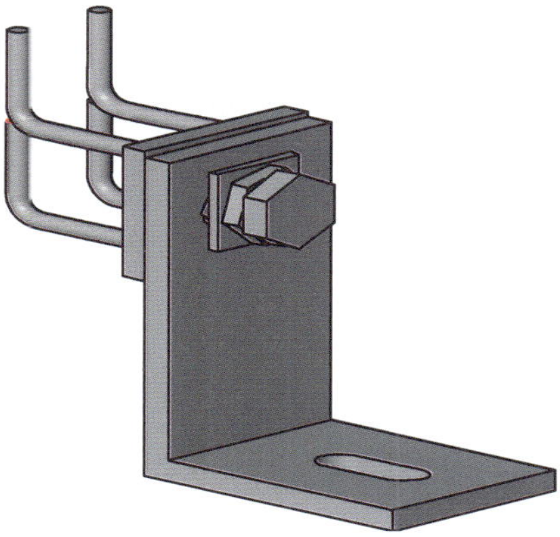

埋件 1

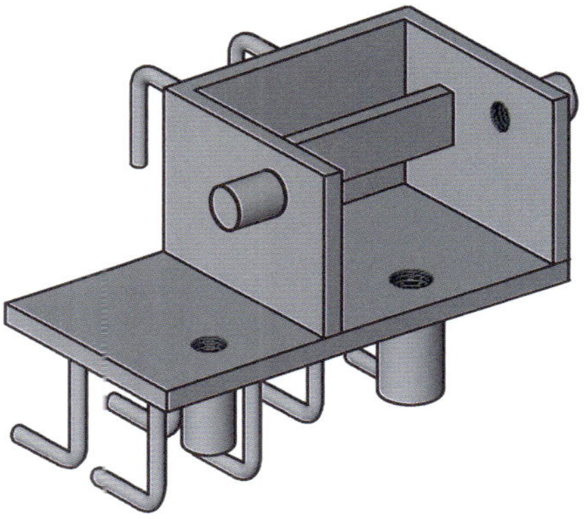

埋件 2

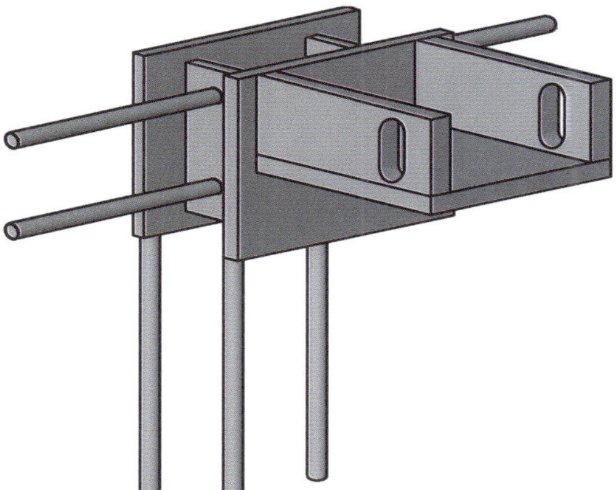

埋件 3

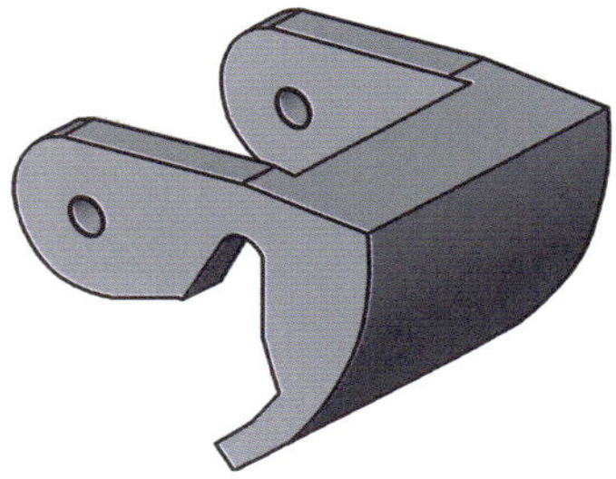

埋件 4

第4章

装配式设备和电气预埋

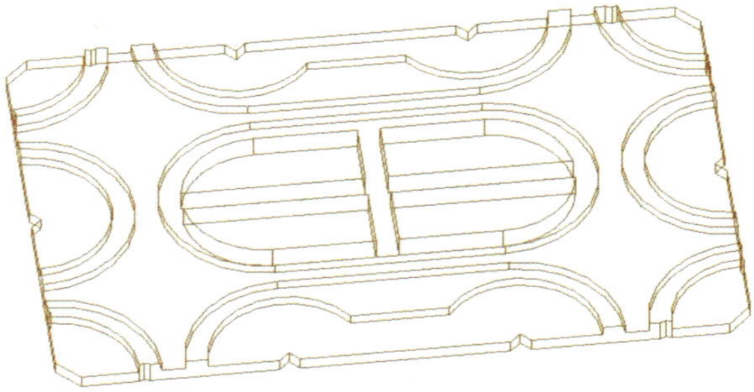

4.1 给排水专业节点

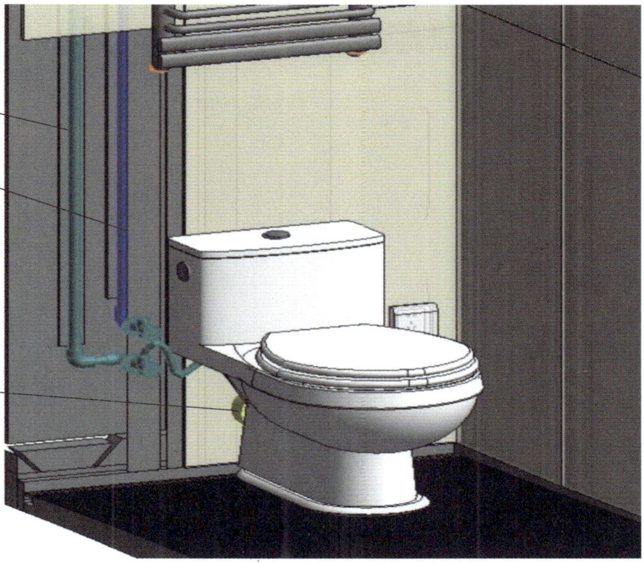

集成卫生间内部给排水

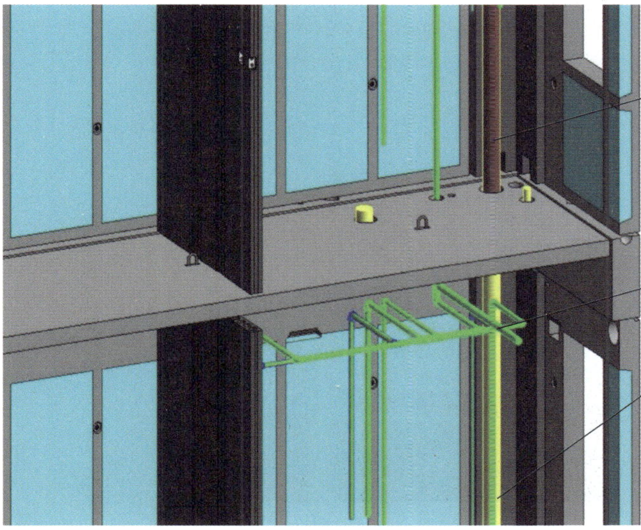

预制构件给排水专业节点

▲**说明：**冷水管及中水管采用上行下给式，配水支管敷设于卫生间墙体空腔内；角阀材质按卫生洁具要求，阀后采用金属软管与洁具连接；墙体空腔内的给水管应设置防结露层，厚 10mm。排水管采用硬质管道连接，排水管与洁具连接处应密封。

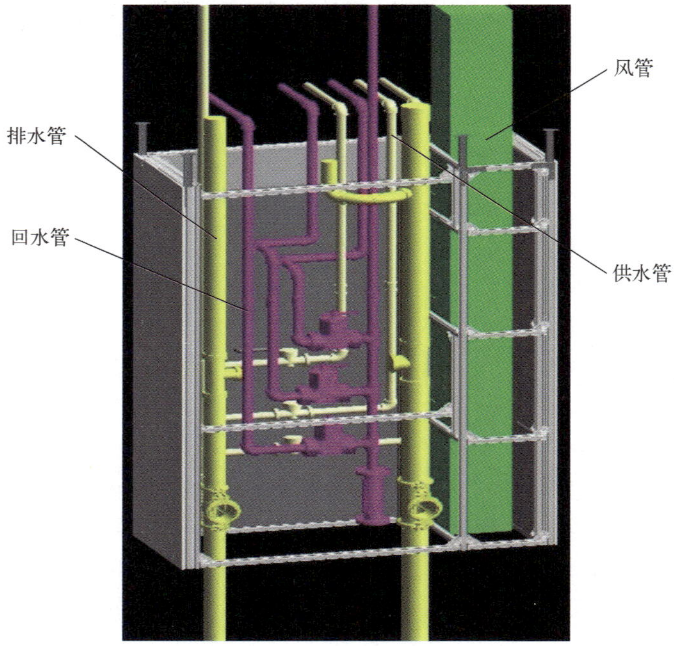

预制管井各专业综合模型

▲说明：管道应严格按设计定位进行施工及安装；管井内应按无压管道优先原则进行管道排布；管井内供水管水表设于最外侧，各计量表应错落布置以方便读数。

4.2 暖通专业节点

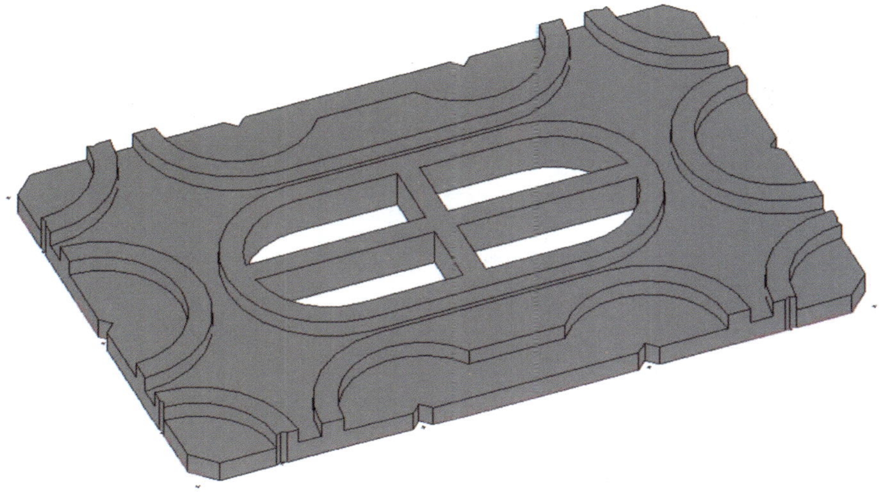

地暖模块

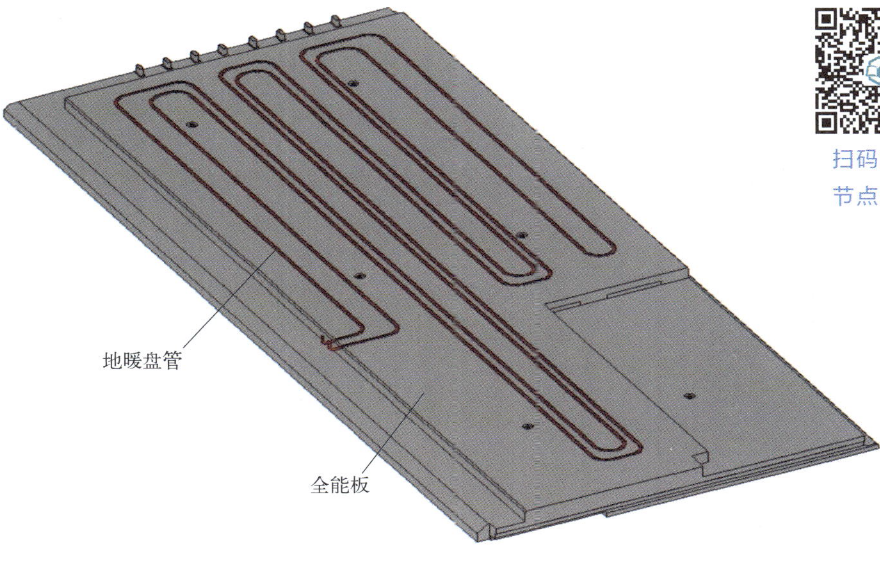

预制全能板（带地暖槽）

扫码观看
节点动画

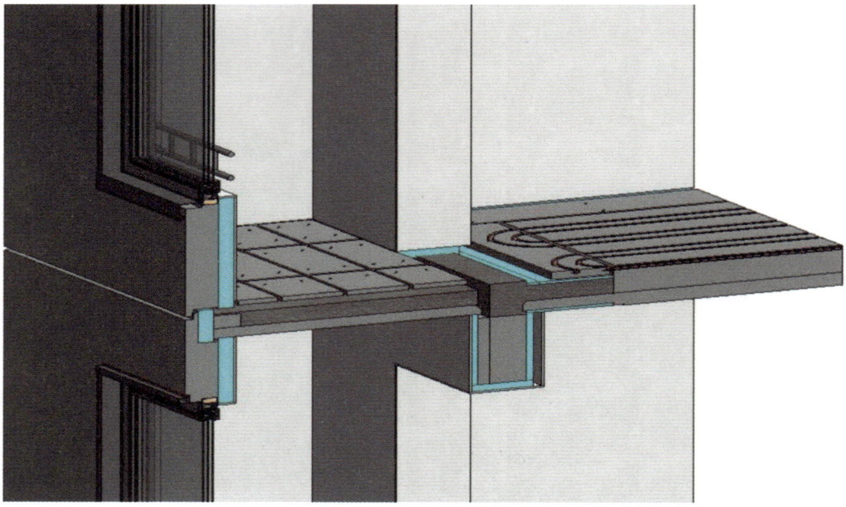

全能板与地暖模块 1

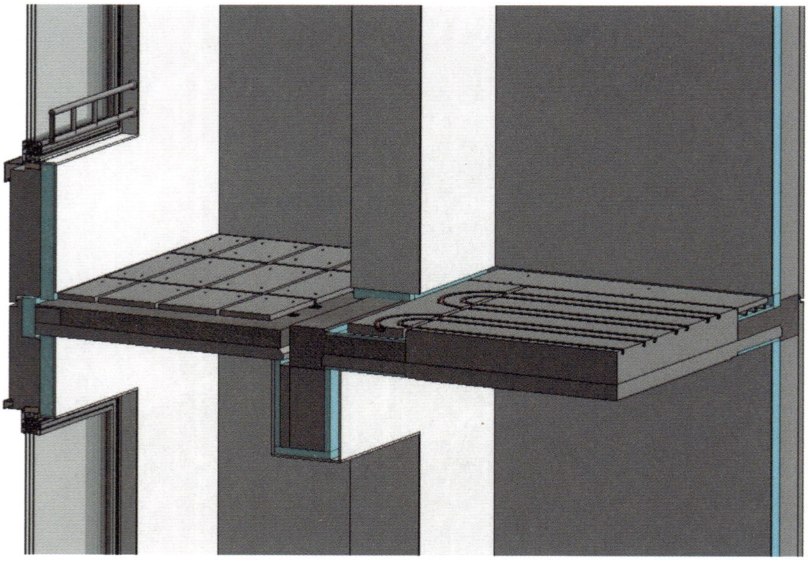

全能板与地暖模块 2

▲**说明：**全能板外边侧为降板区，有地暖盘管侧宽度为 300mm，没有地暖盘管侧宽度为 200mm，设置地暖模块供盘管转弯。

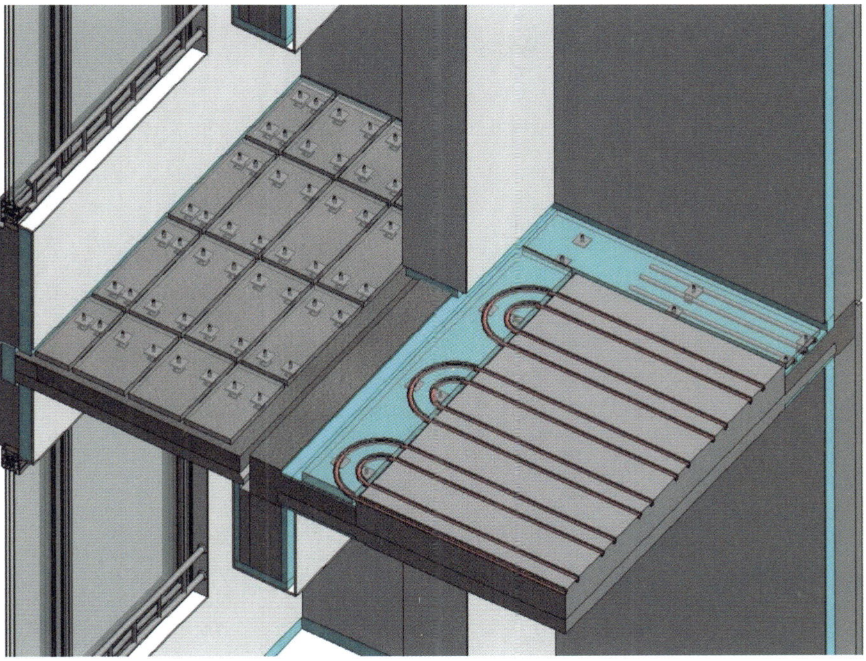

全能板与地暖模块 3

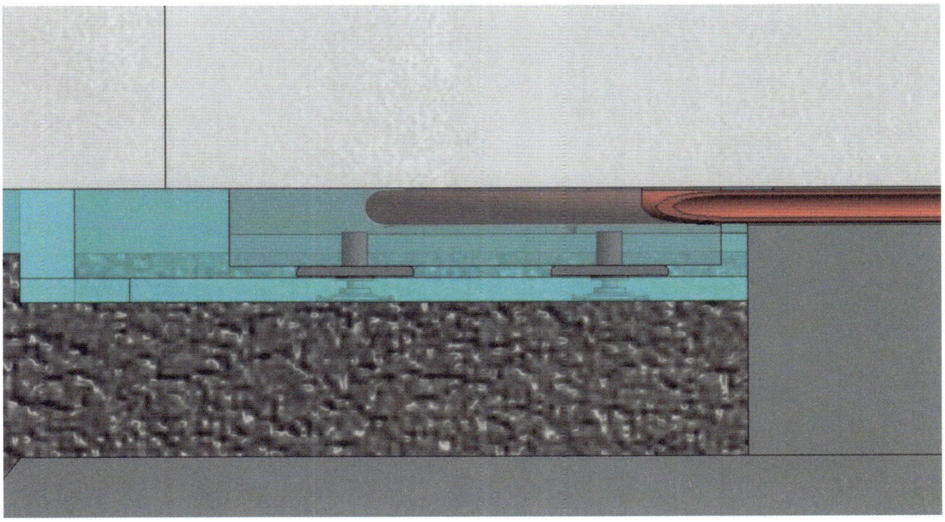

地暖模块细节展示

▲说明：地暖模块上下分层，上层空间敷设地暖盘管，下层空间敷设其他水电管线。

地暖模块管线敷设

地暖模块支撑埋件 1

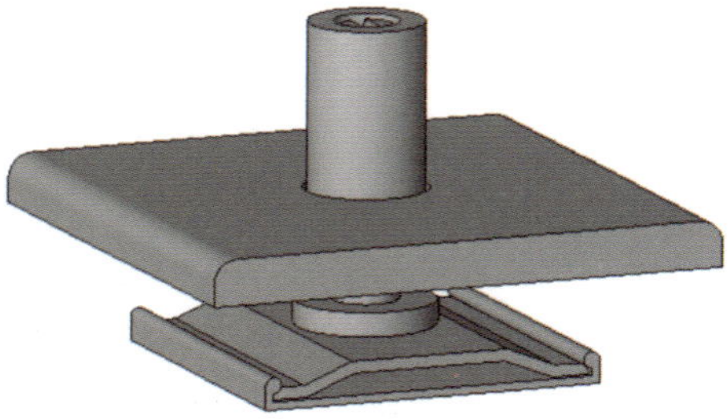

地暖模块支撑埋件 2

▲说明：地暖模块下层空间仅能敷设一层水电管线，无法进行管线交叉。管线敷设前应进行管线综合模拟。

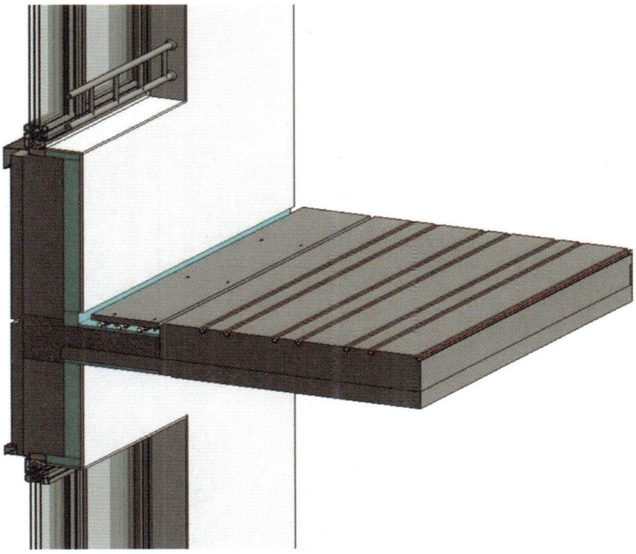

全能板与墙板管线综合

全能板与墙板管线综合大样

▲说明：全能板边槽内敷设水电管线，当实施条件受限时，局部水、暖、电管线可同时敷设在边槽内；墙体有电气点位时，应将电气管线靠墙侧敷设。若电气管线与水暖管出现交叉情况，不得剔凿全能板，须做交叉隔热处理。

4.3 电气专业节点

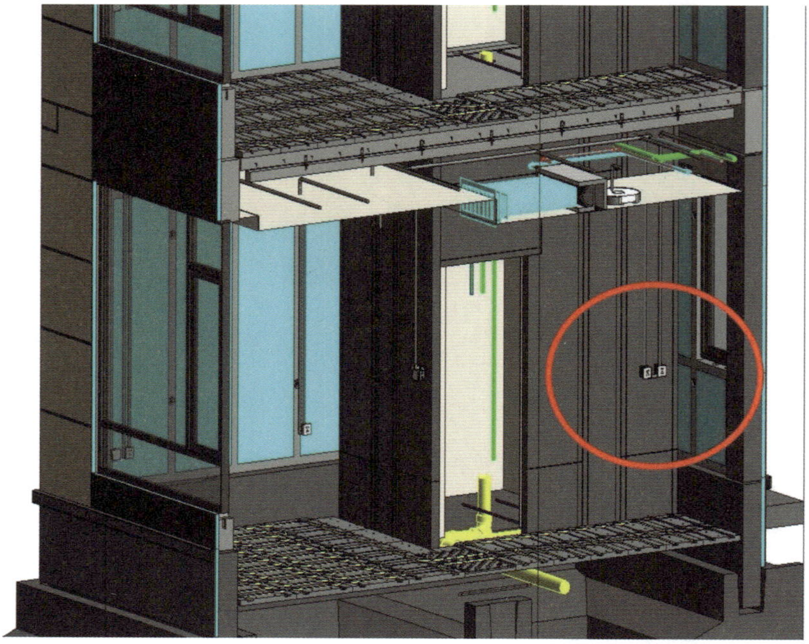

预制构件电气专业节点

预制构件电气专业节点大样

▲说明：预制构件内线管及底盒应在工厂端安装完成，电线由现场施工人员敷设。

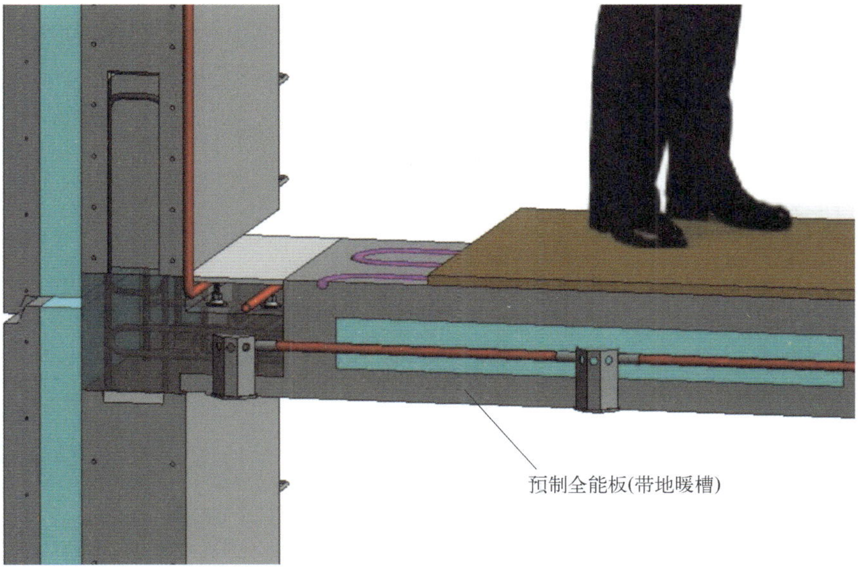

全能板电气专业节点 1

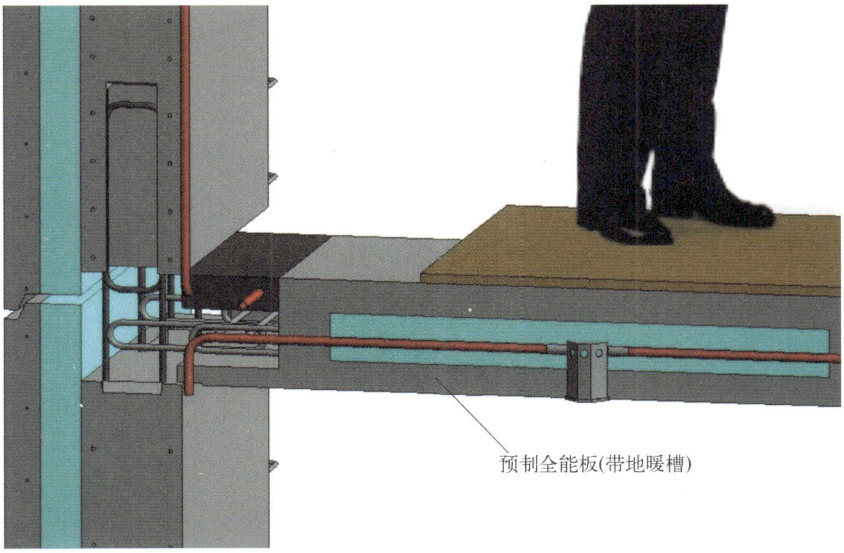

全能板电气专业节点 2

▲说明：全能板内预留线盒应在工厂内安装完成，现场不得开孔或移位。全能板边槽处管线由现场施工人员根据图纸完成敷设。

第 5 章

装配式混凝土生产节点

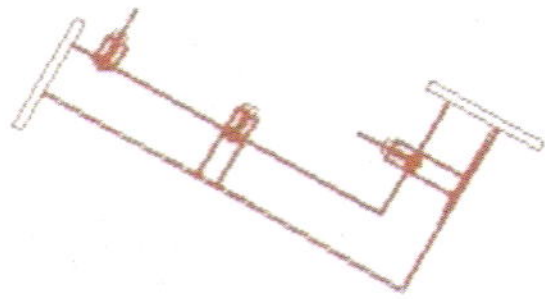

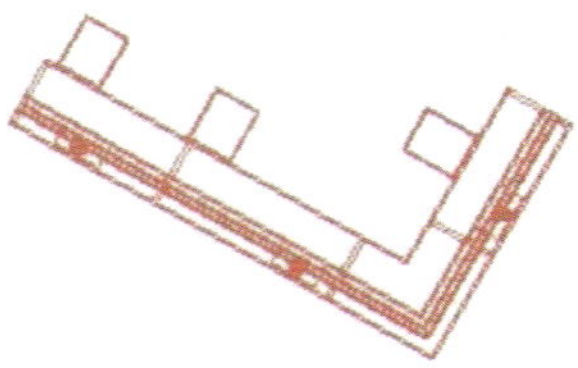

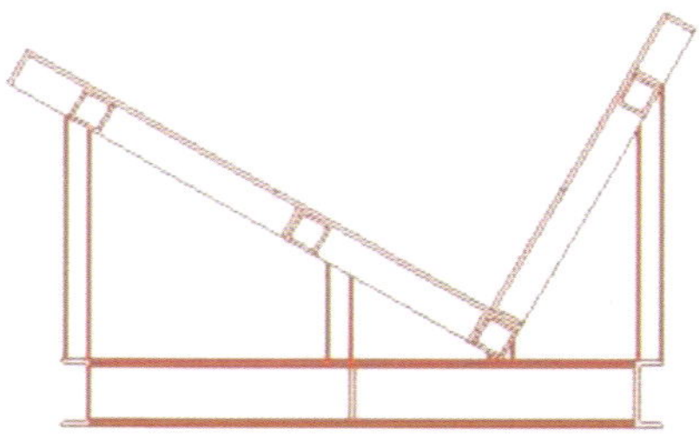

5.1 模具构造

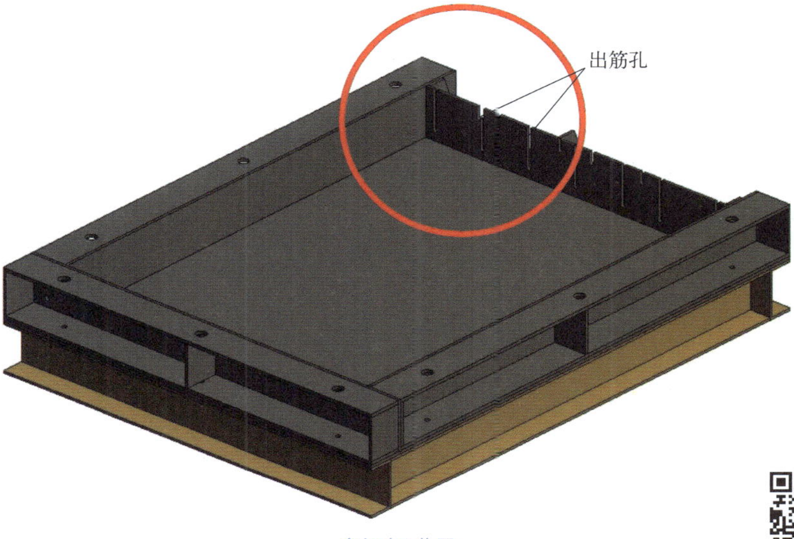

空调板模具

扫码观看
节点动画

出筋孔细部做法

▲说明：钢筋的出筋孔细部做法取决于模具的脱模方式。模具的出筋孔尺寸应取决于具体项目的钢筋直径规格的大小和误差。

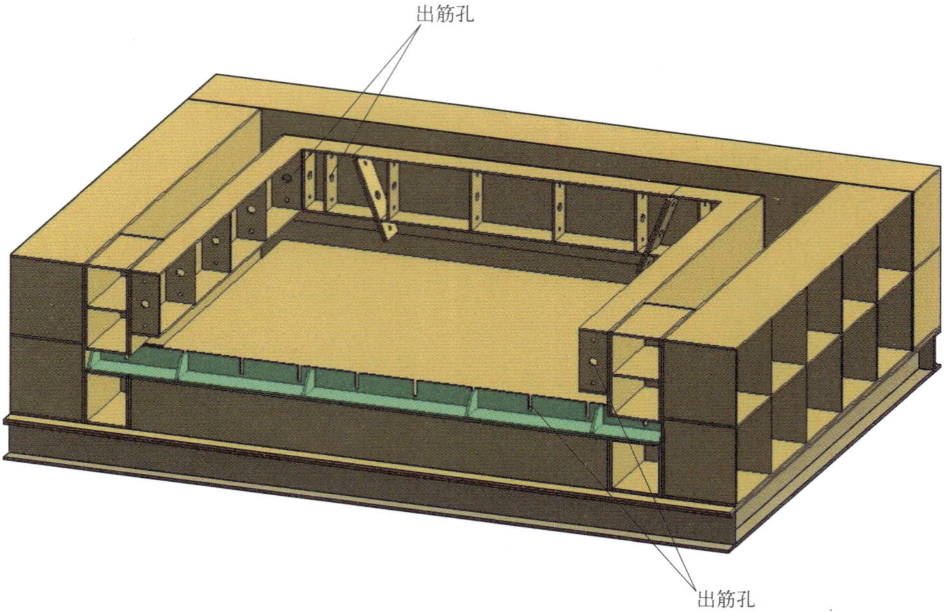

空调板（异形）模具

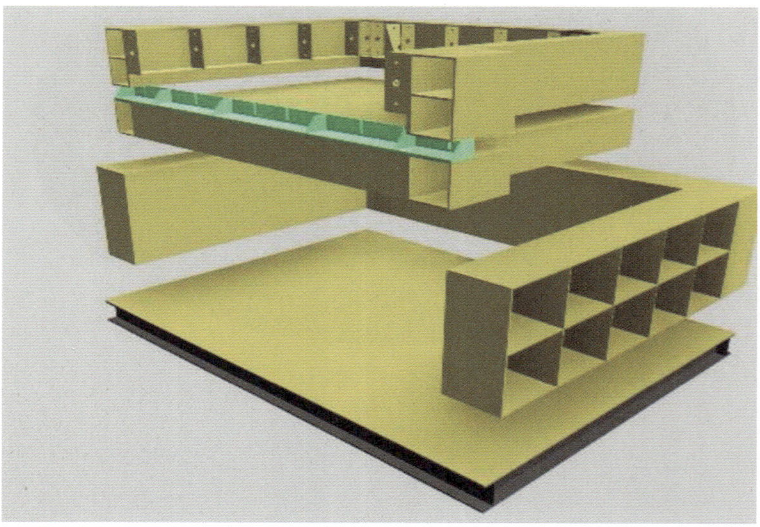

空调板（异形）组模

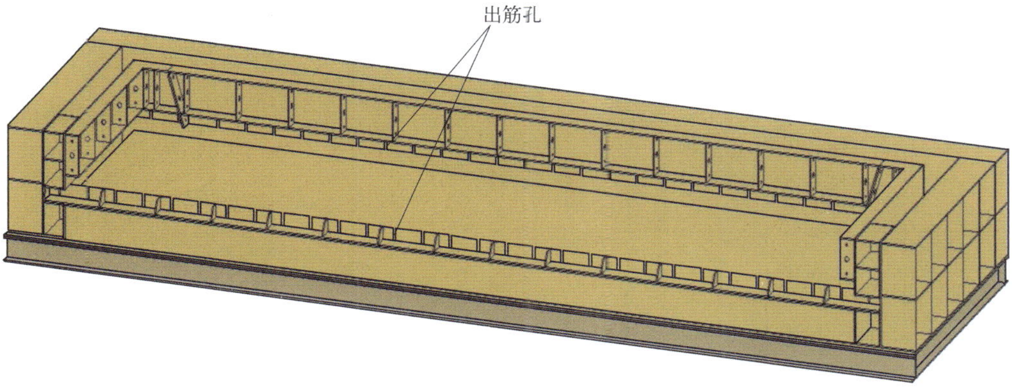

阳台板（异形）模具

扫码观看
节点动画

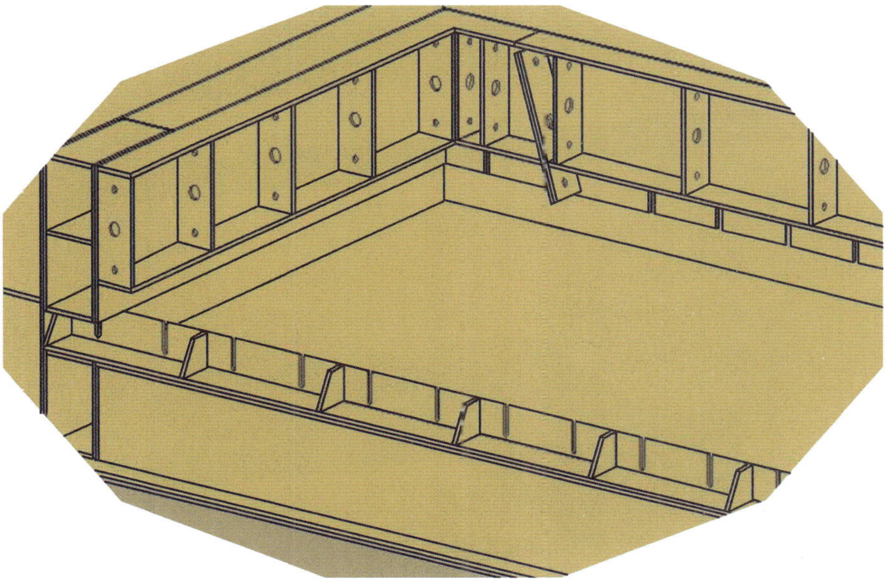

细部做法

▲**说明：** 模具的设计与加工需要考虑项目的周转次数和使用工况。若项目标准化程度较高或此模具能在不同项目中通用，应使用较大厚度的钢板制作及增加钢板肋，提高模具的刚度，从而提升模具的周转次数。

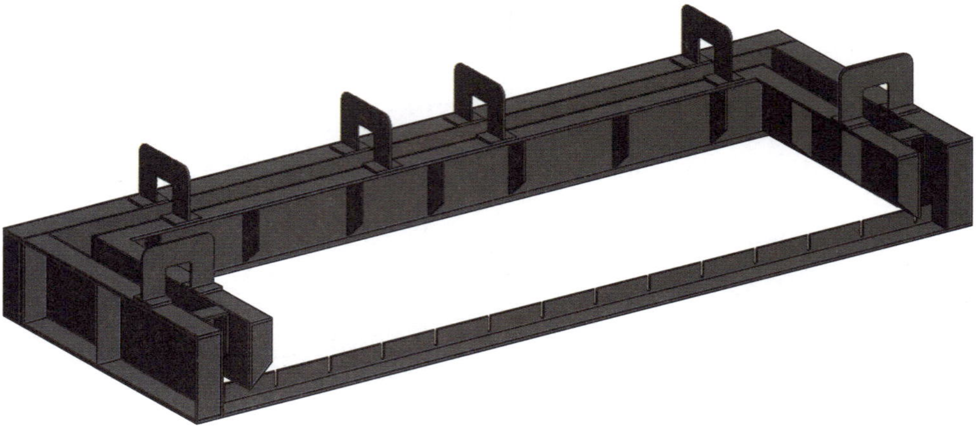

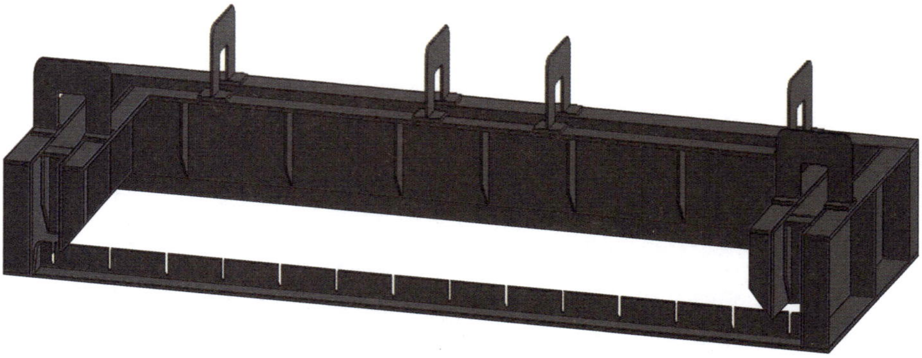

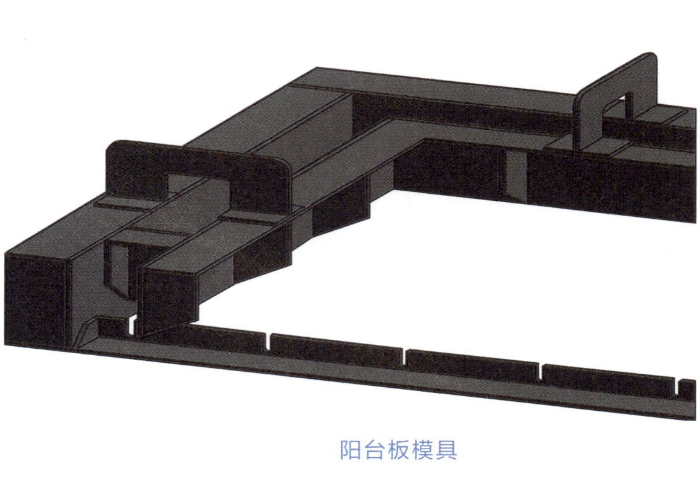

阳台板模具

全能板模具（俯视图）

扫码观看
节点动画

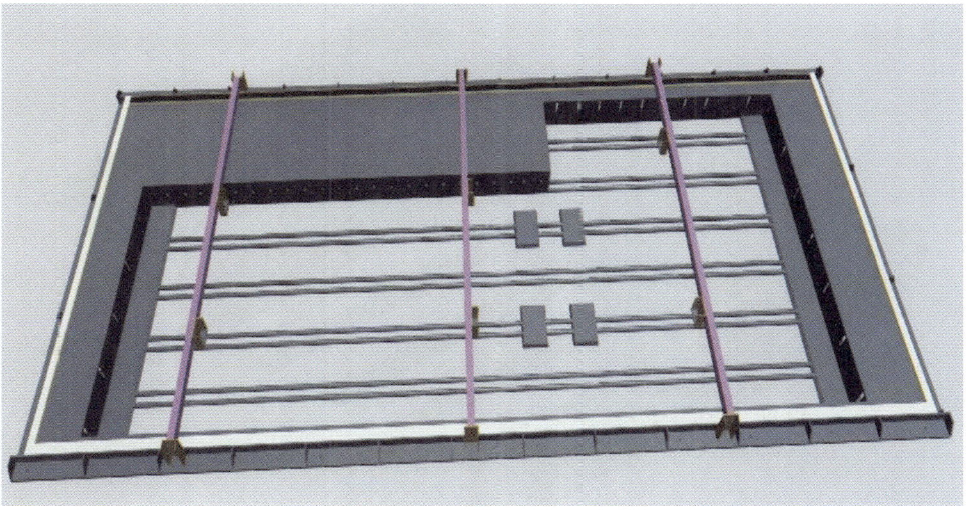

全能板模具

▲**说明：**全能板中应考虑地暖管线铺设预留的模具，上述图中已涵盖。

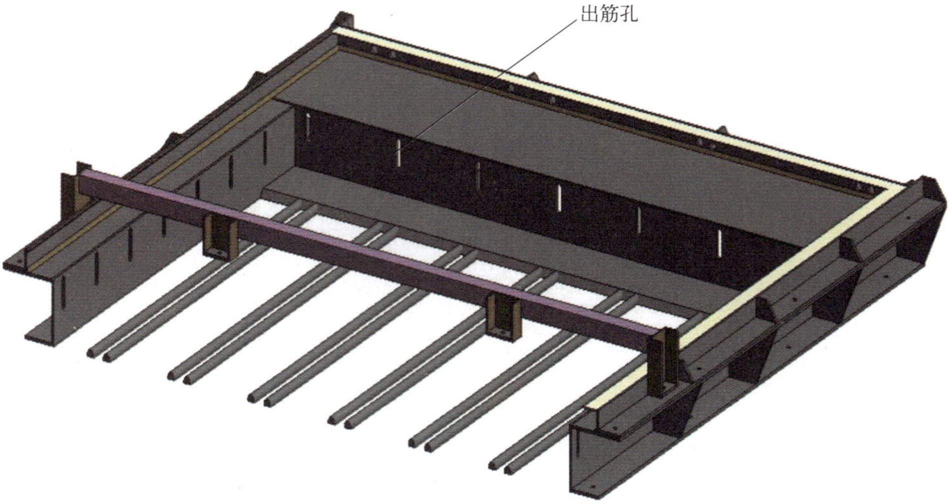

全能板模具细节展示 1

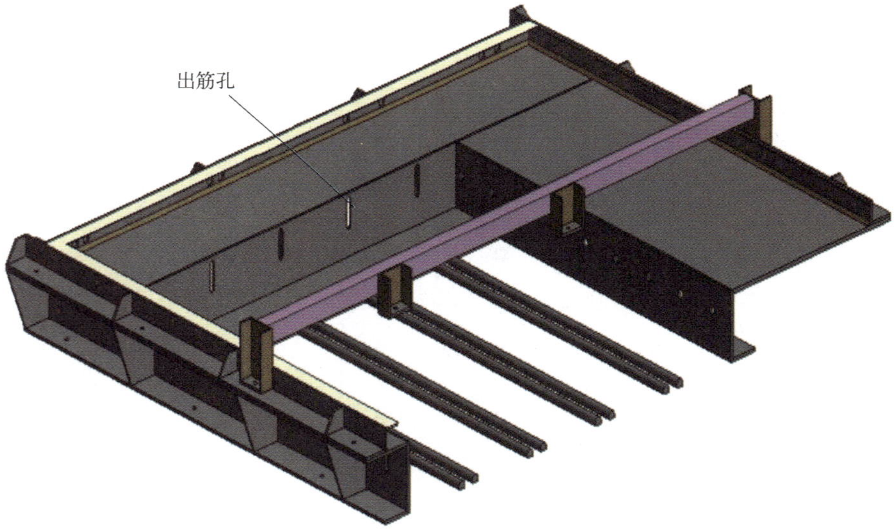

全能板模具细节展示 2

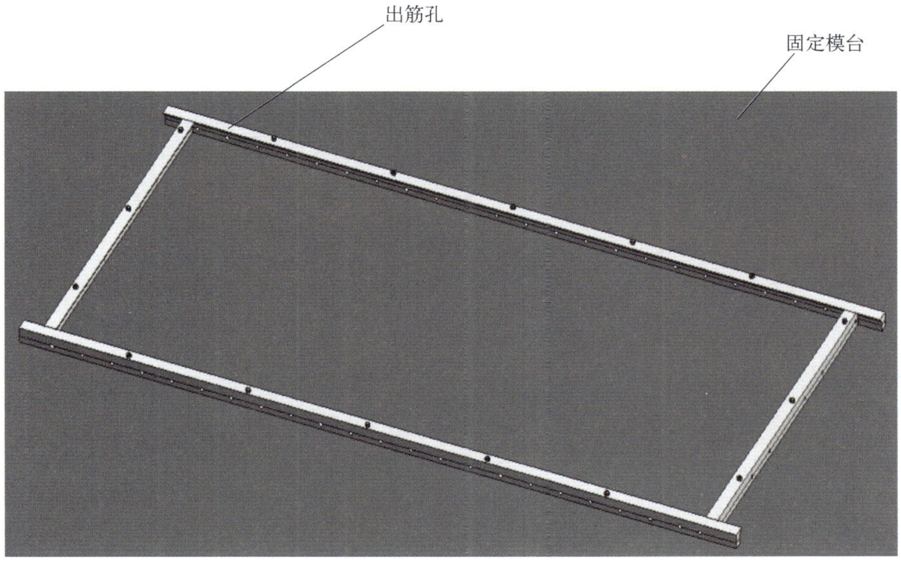

叠合板模具 1

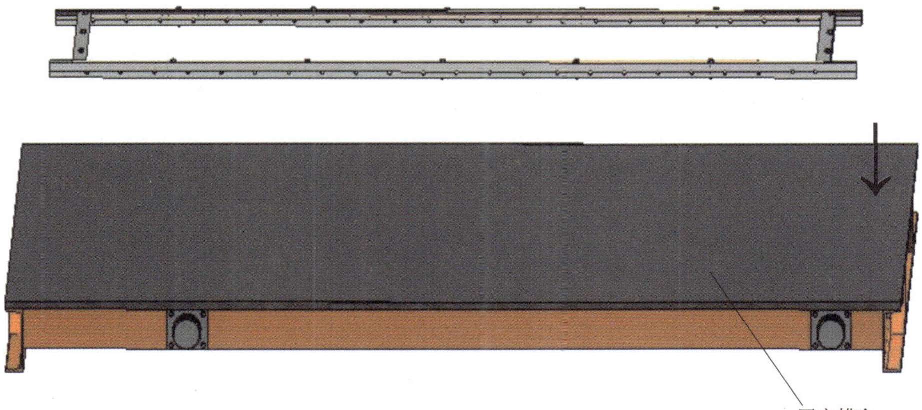

叠合板模具 2

▲**说明：**模具的材质应根据项目特点、材料特性进行选择，图示为玻璃钢材质模具。玻璃钢模具目前适用较广的构件类型为叠合板。墙板因其构造复杂、拆卸工艺及标准化率等原因，导致玻璃钢的应用程度不高。

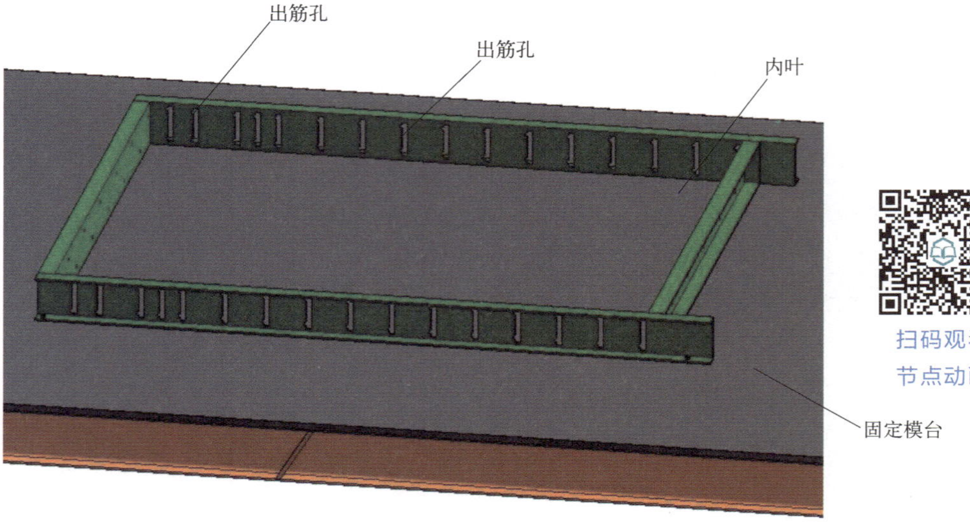

扫码观看
节点动画

内墙板模具

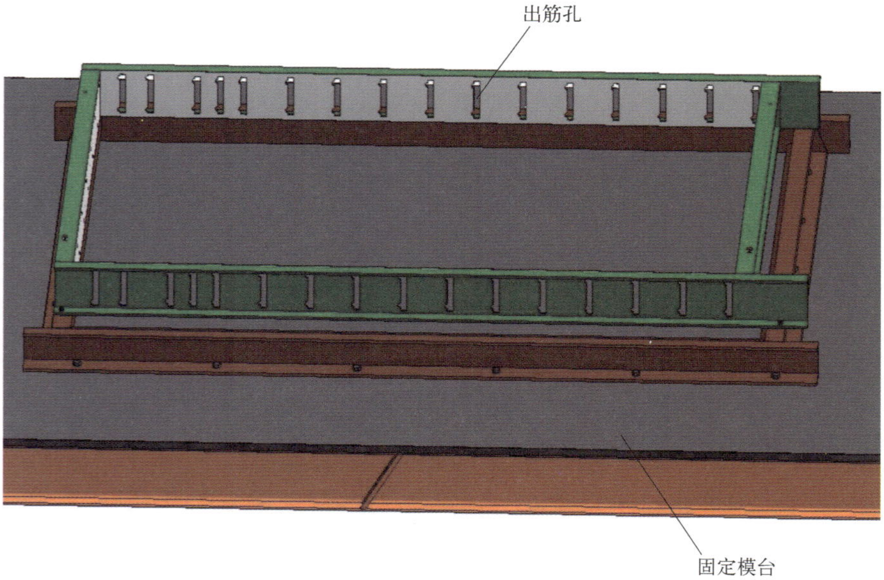

外墙板模具

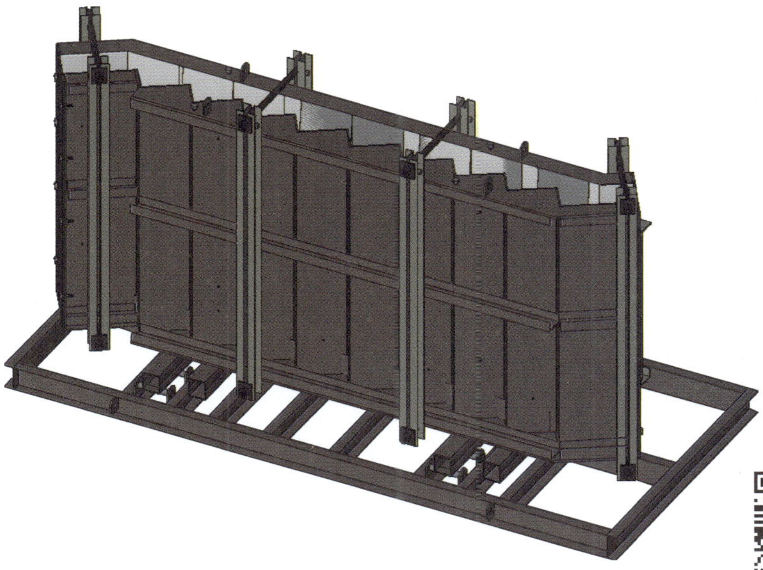

楼梯板模具 1

扫码观看
节点动画

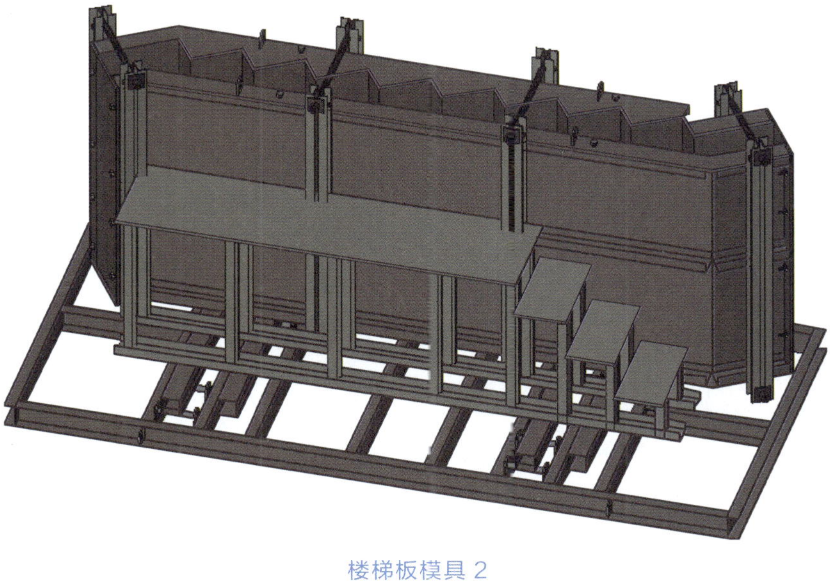

楼梯板模具 2

▲说明：楼梯板模具根据生产工艺特点分为平卧正打式、平卧反打式、立模式，上图为立模式。

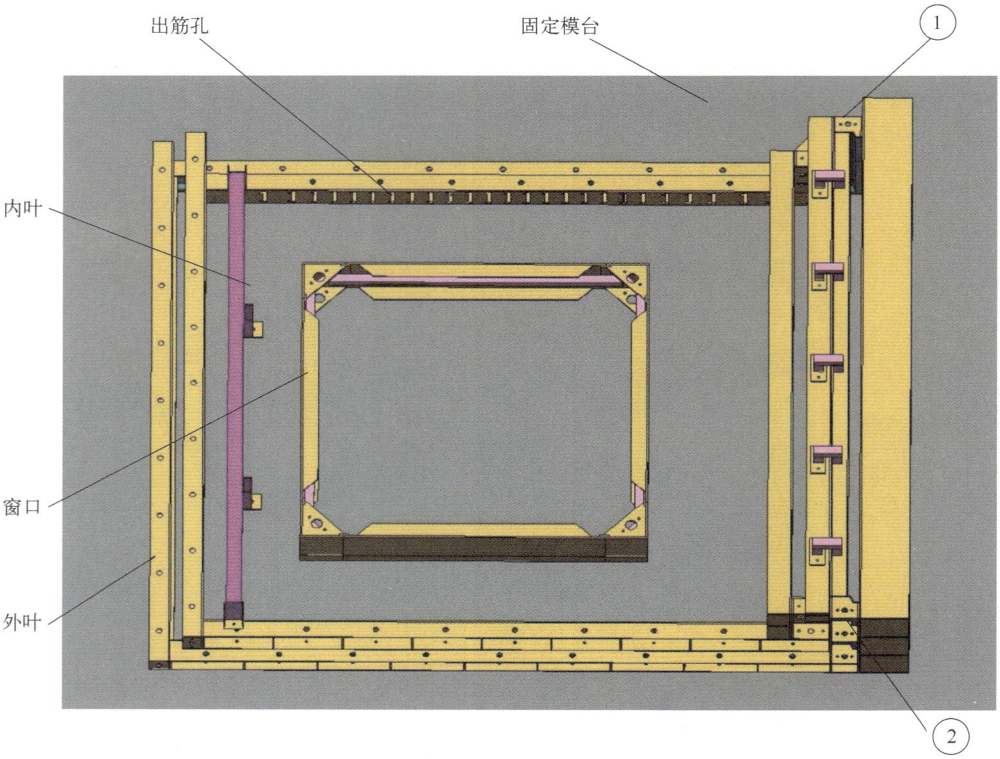

纵肋夹心保温外墙板（L形）模具

①上部企口细部

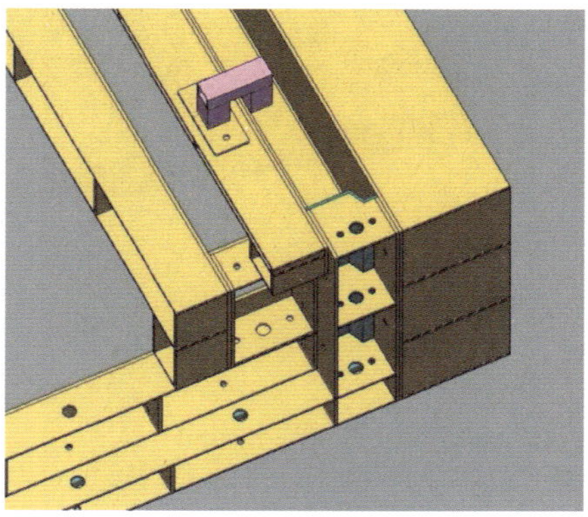

②下部企口详图

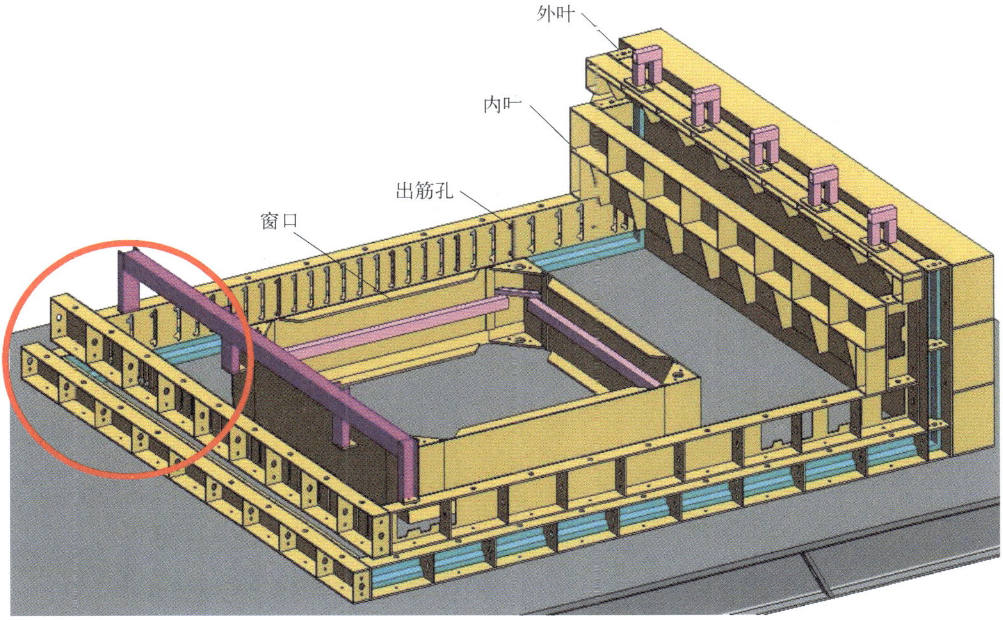

纵肋夹心保温外墙板（L 形）模具

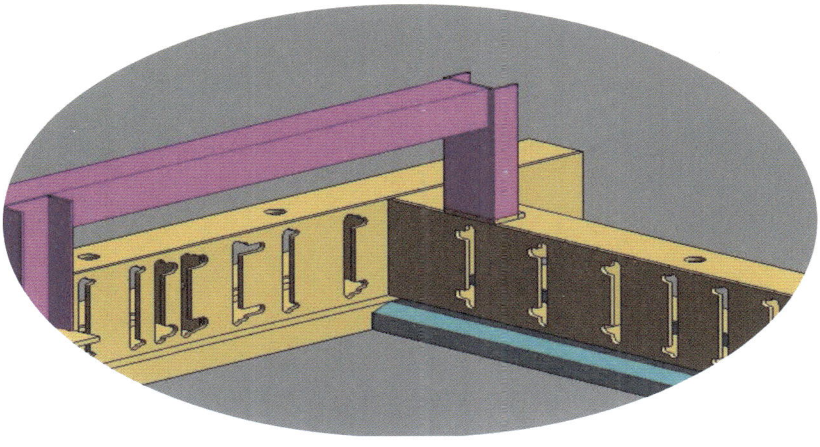

纵肋夹心保温外墙板（L 形）模具细节

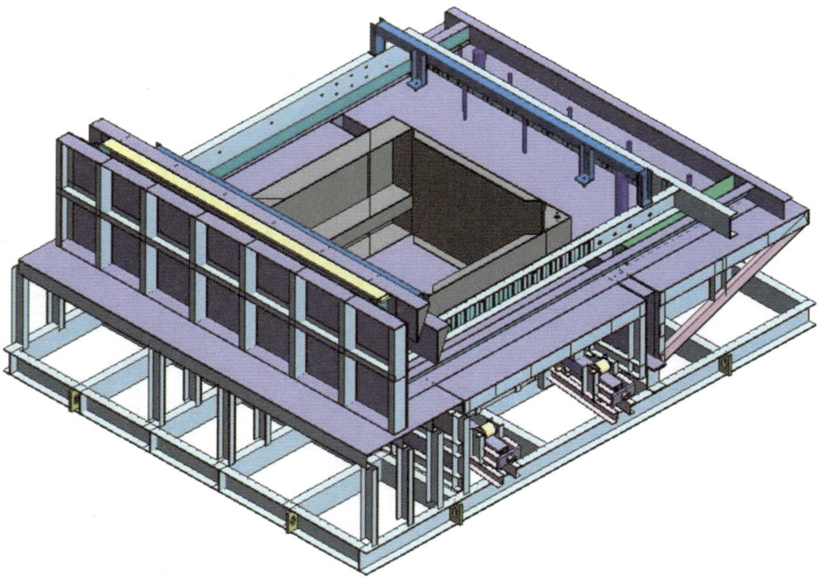

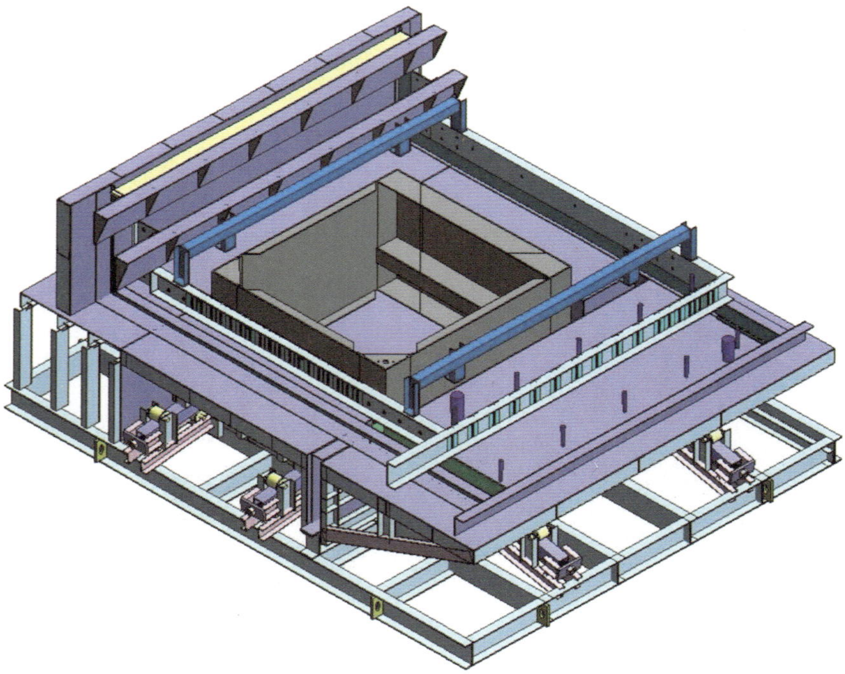

夹心保温外墙板（L形带飘窗）模具1

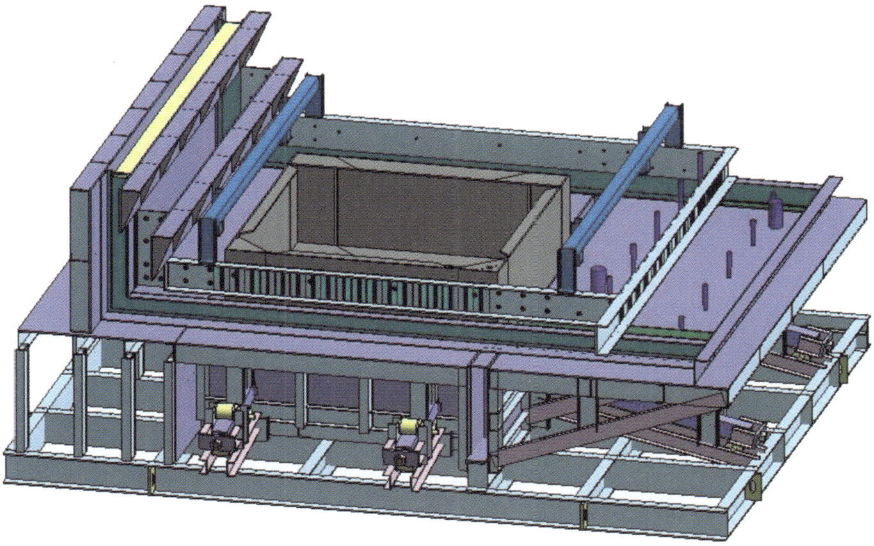

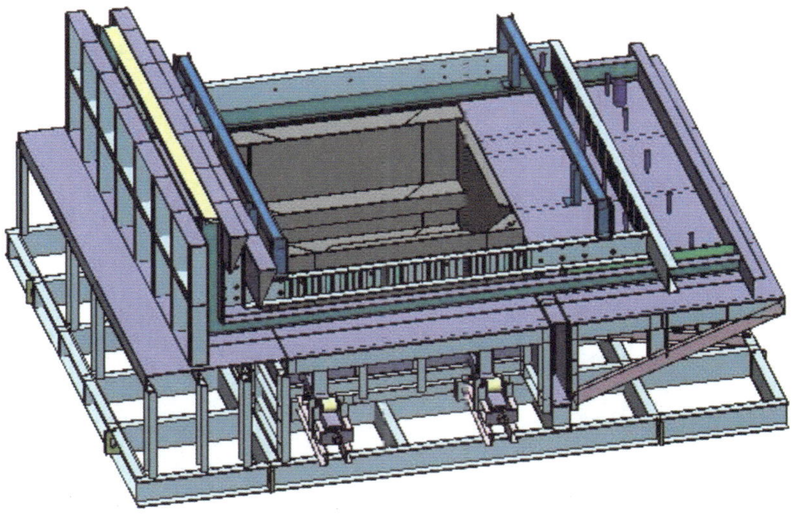

夹心保温外墙板（L 形带飘窗）模具 2

▲**说明：**飘窗模具制作工艺复杂，需根据项目情况进行设计与加工。不同项目的立面关系导致飘窗的方式不同，模具的加工也不尽相同，图示为四面飘窗做法。

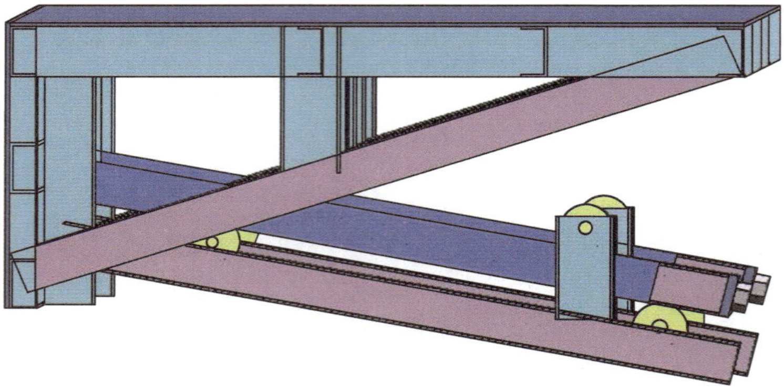

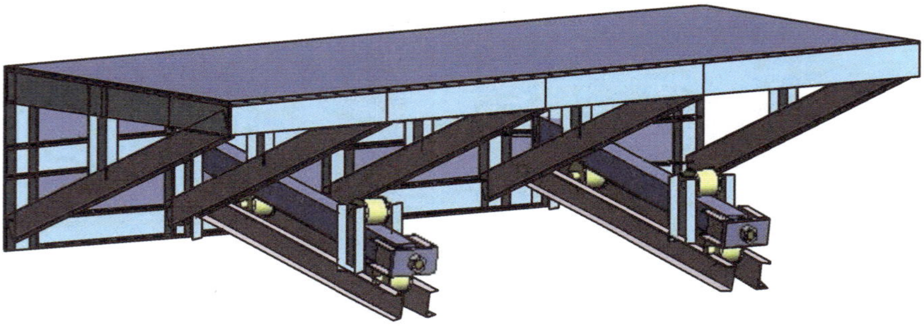

滑动端 1

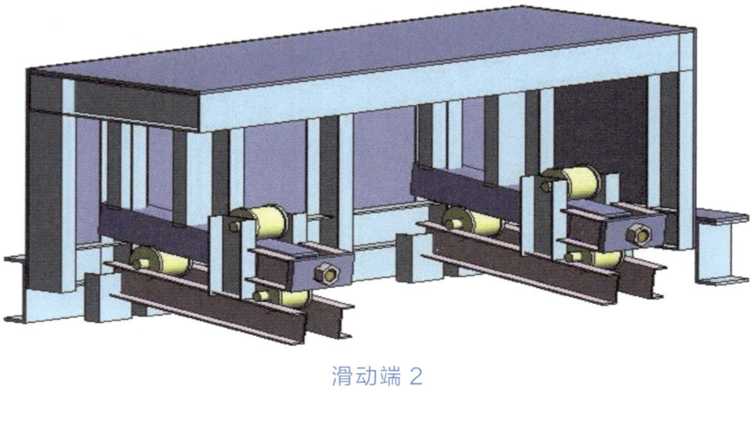

滑动端 2

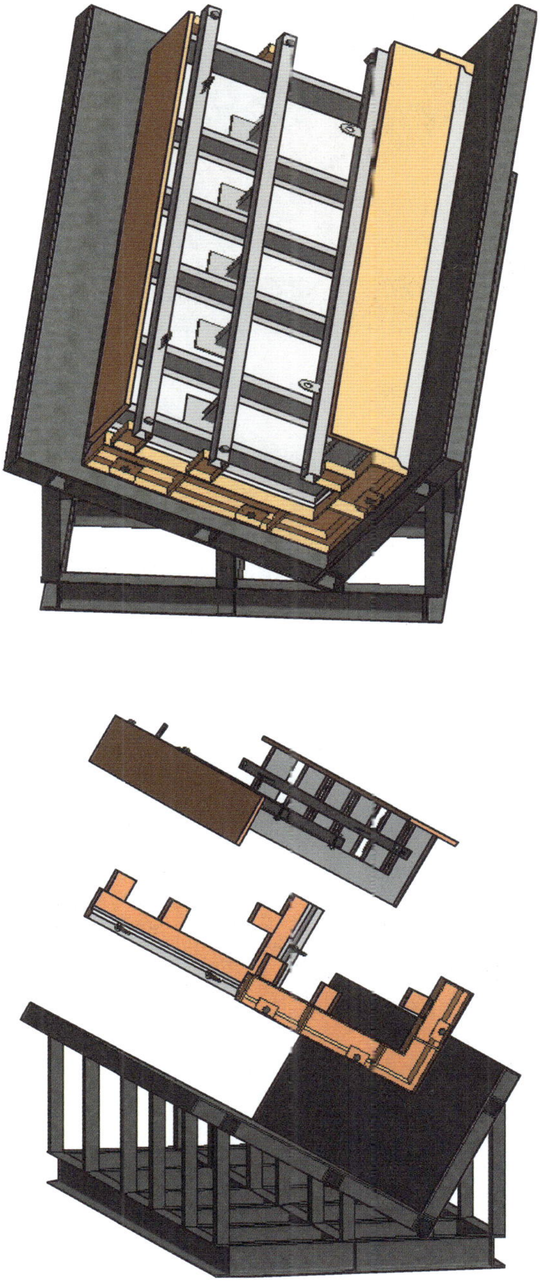

PCF 板模具 1

扫码观看
节点动画

PCF 板模具 2

▲**说明：** 该 PCF 板模具可保证构件角部的方正，同时可通过调整侧边模具制作不同尺寸的 PCF 板构件，解决了原 PCF 板因长时间生产而产生的模具变形、构件不方正等隐患。

5.2 脱模埋件

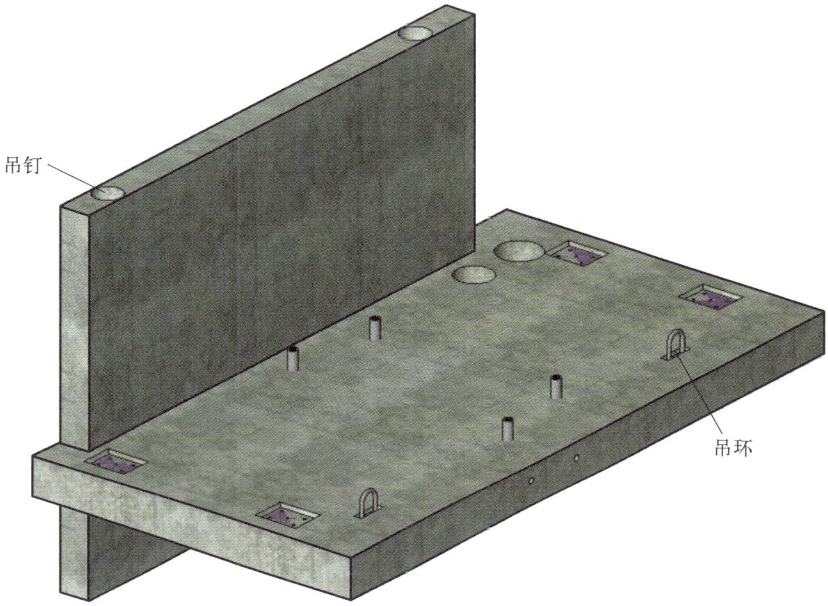

空调板 1

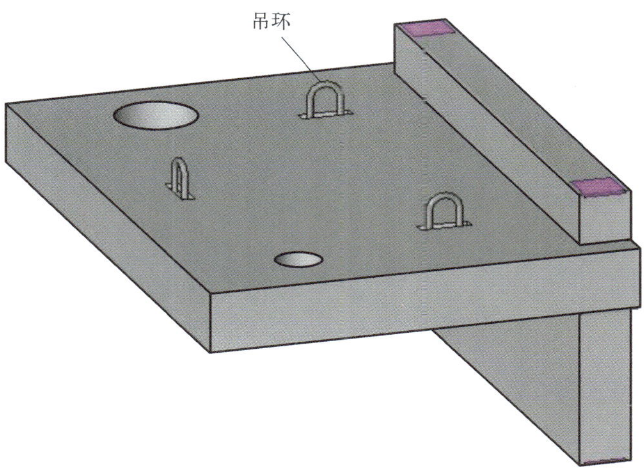

空调板 2

▲说明：因空调板厚度较薄等原因，建议采用吊环脱模和安装。

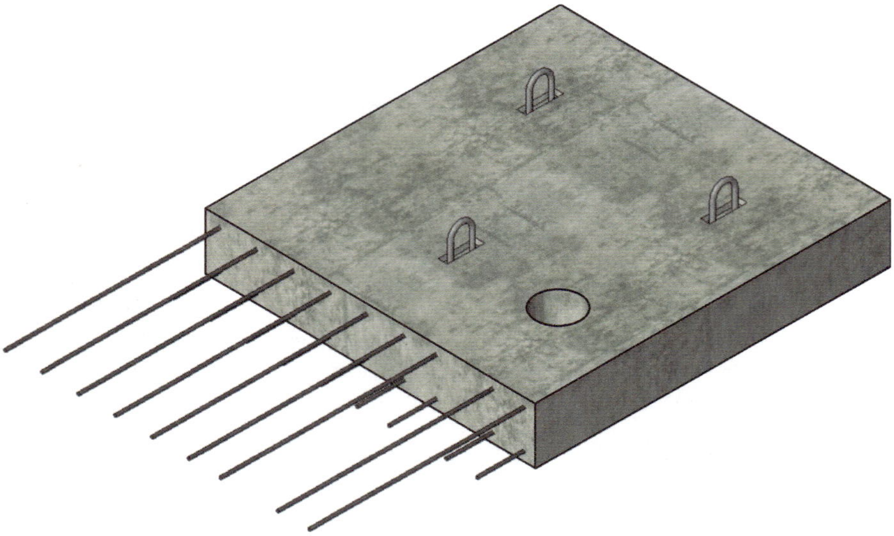

空调板 3

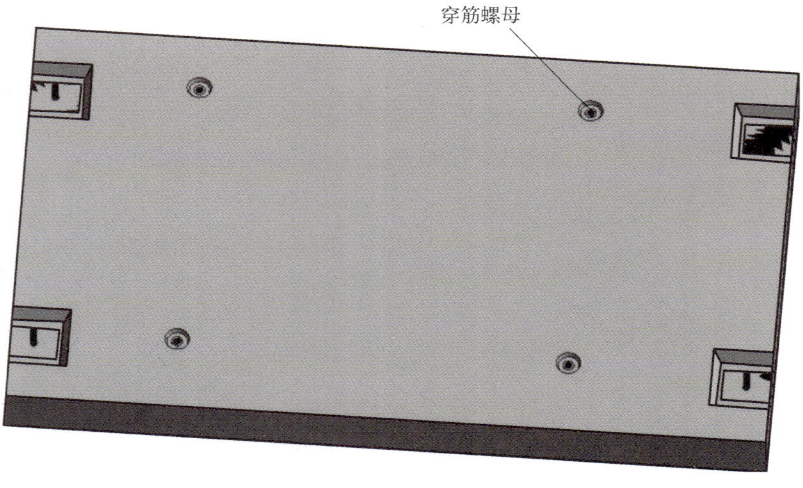

预制挂板

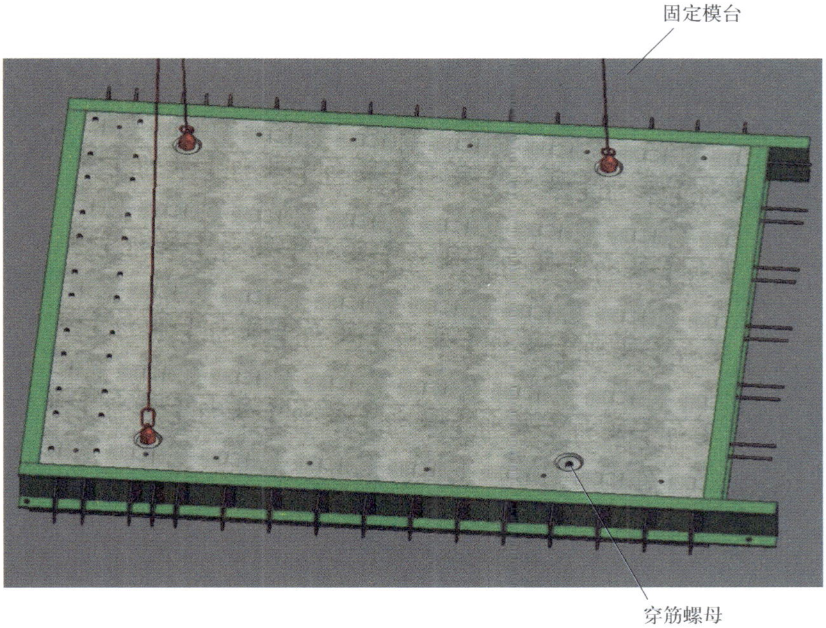

内墙板

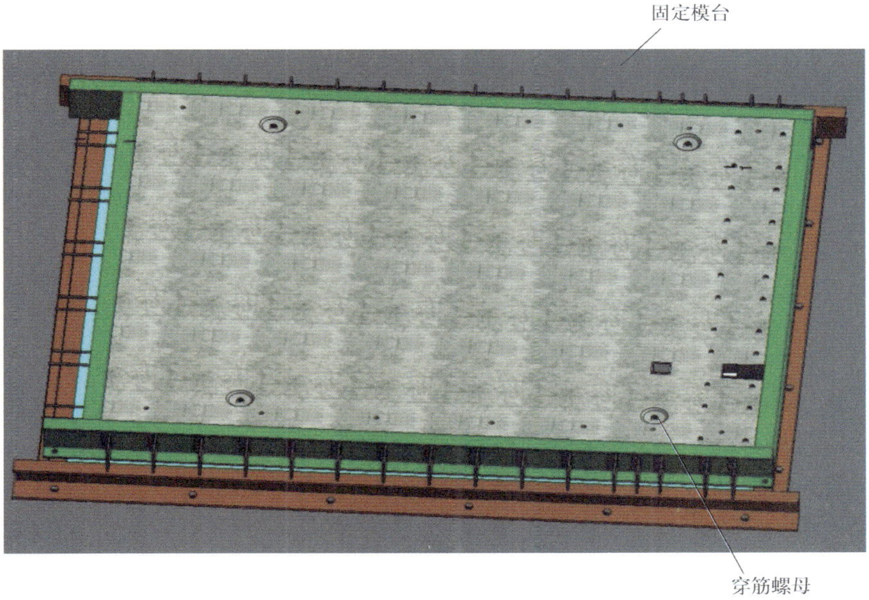

外墙板

▲说明：墙板中穿筋螺母的设置，需要考虑生产过程中脱模工艺及安装过程中斜支撑的布置等因素。其规格、样式也与构件尺寸及重量息息相关。

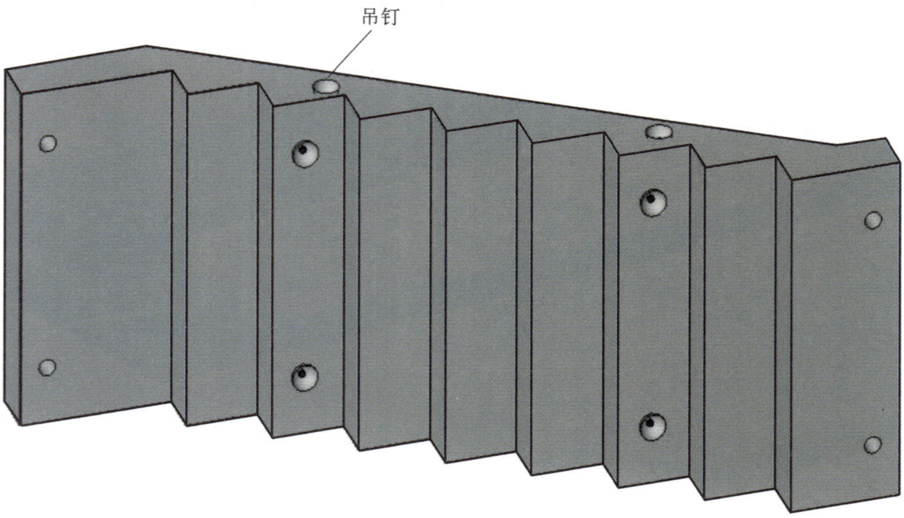

楼梯板（轴测图）

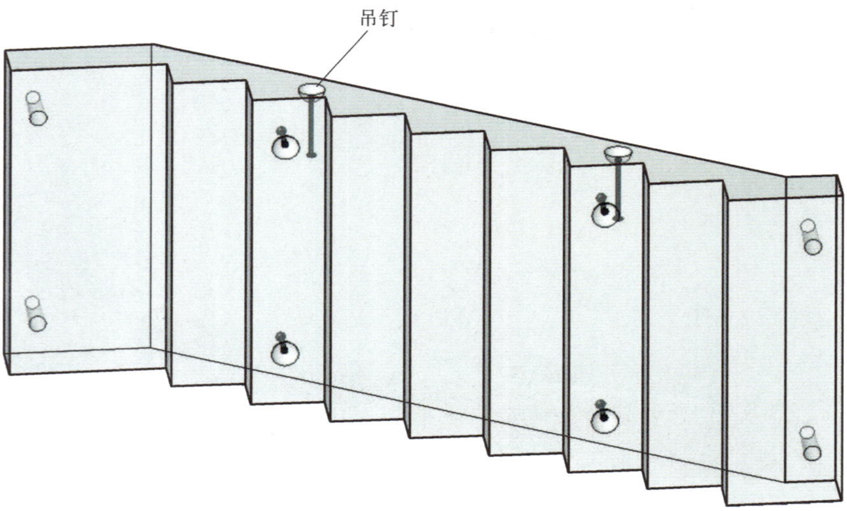

楼梯板（埋件布置轴测图）

▲**说明：** 常用的脱模埋件有内丝螺母、吊钉及吊环 3 种。

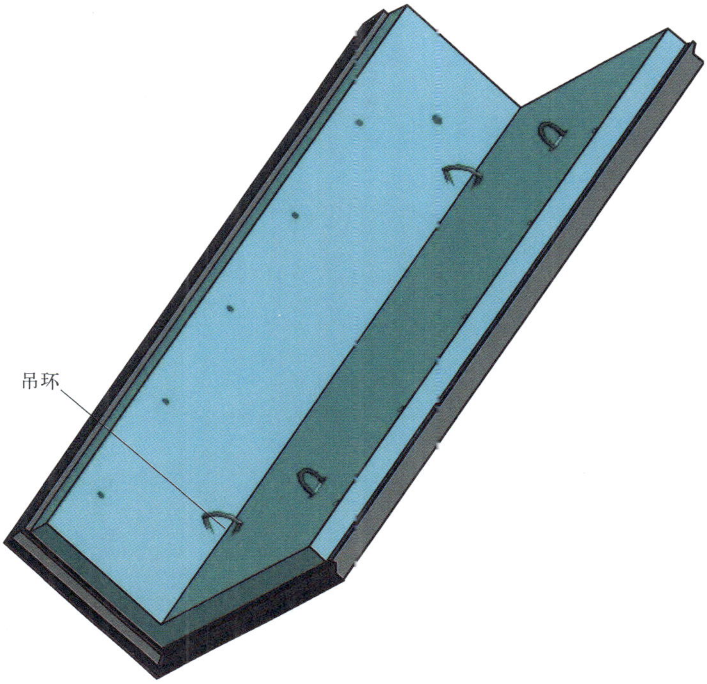

PCF 板 1

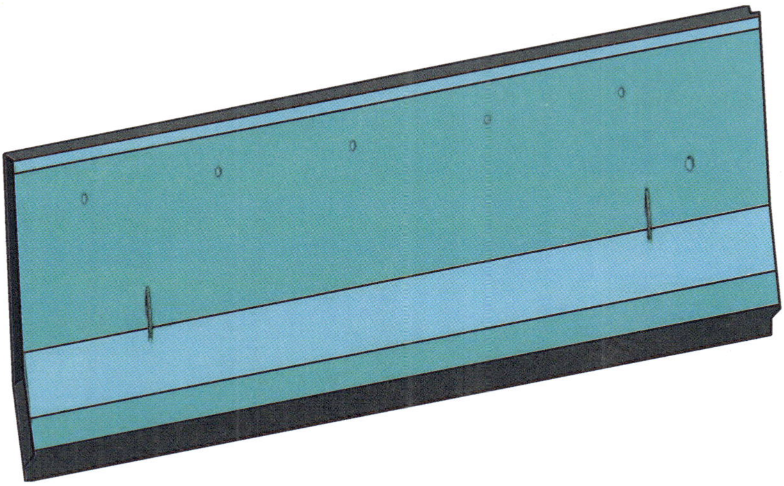

PCF 板 2

▲**说明：** PCF 板因其模具的加工工艺的特殊性，脱模吊点设置与安装吊点应区分开，脱模吊点设置为吊环，安装吊点设置为安装孔。

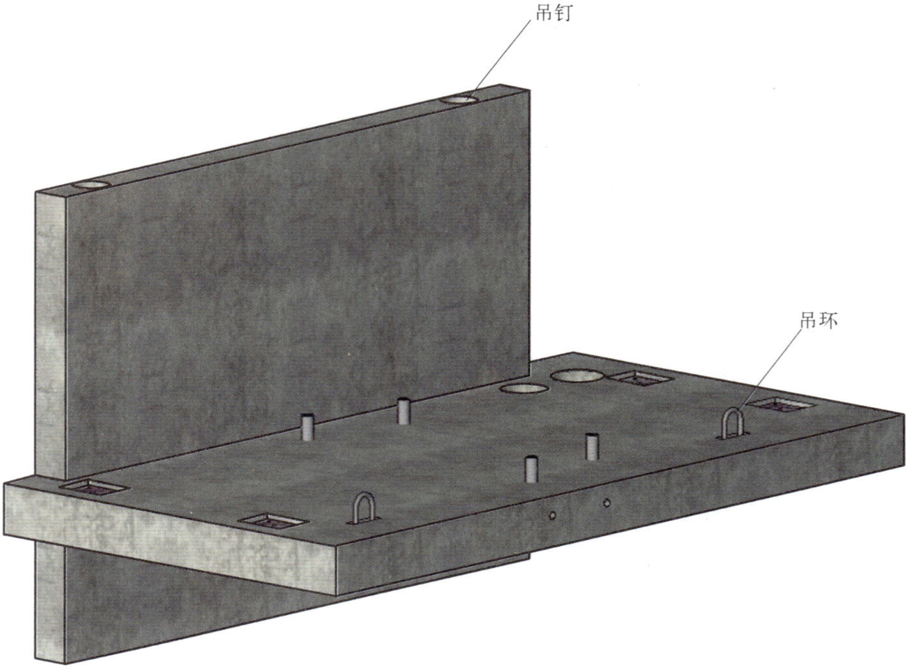

阳台板（异型）

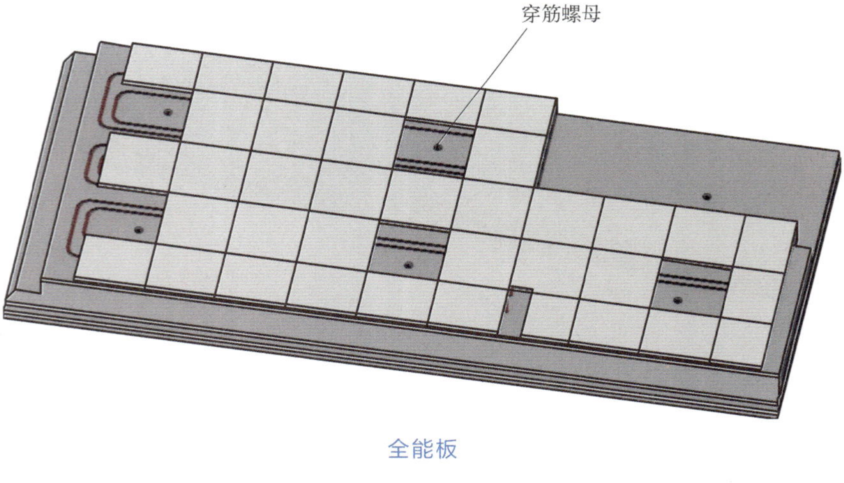

全能板

吊钉 1

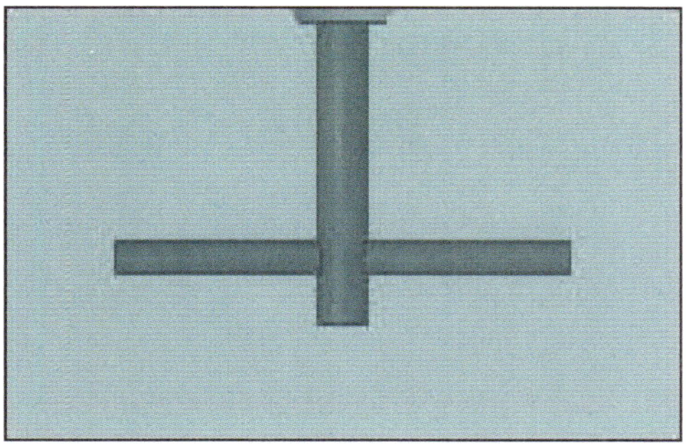

穿筋螺母 1

扫码观看
节点动画

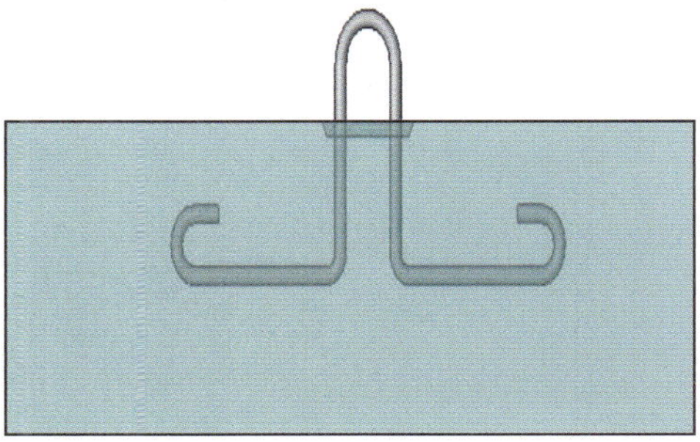

吊环 1

▲**说明：**吊装预埋件的选用，需根据不同项目、不同构件类型及构件自身尺寸、形状、重心、重量等因素进行选择和使用。其中吊钉、穿筋螺母产品的选择，建议参考产品说明书进行选用。

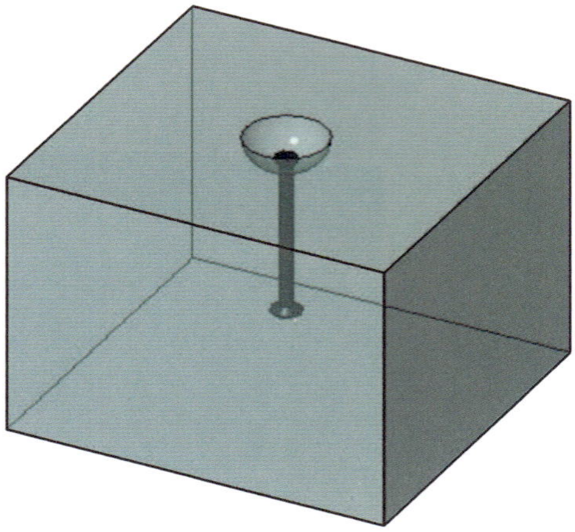

吊钉 2

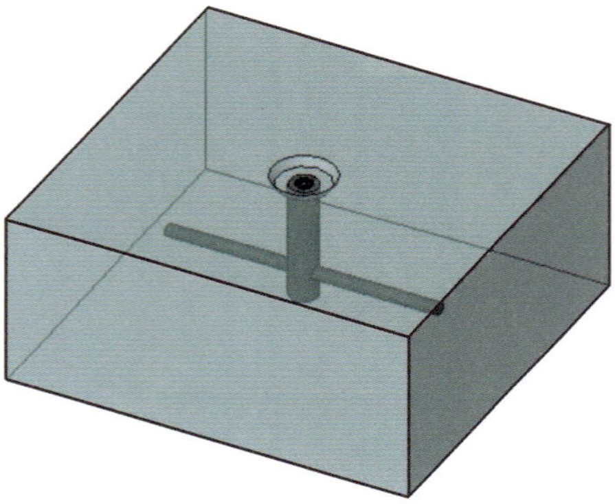

穿筋螺母 2

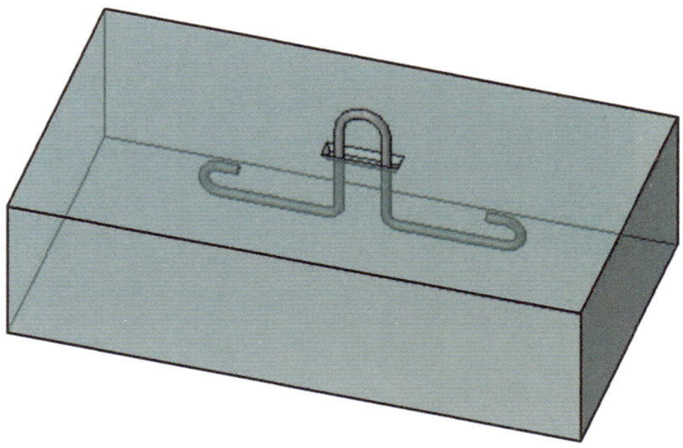

吊环 2

5.3 电气点位预留预埋

5.3.1 墙板预留预埋节点

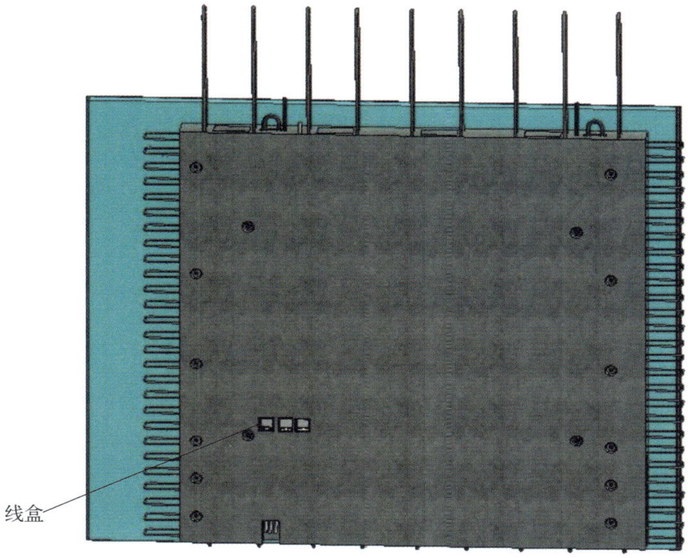

外墙板电气点位预留预埋节点

扫码观看
节点动画

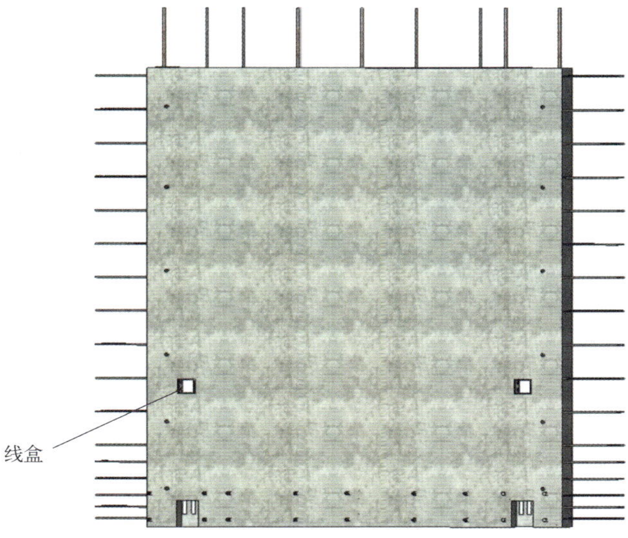

内墙板电气点位预留预埋节点

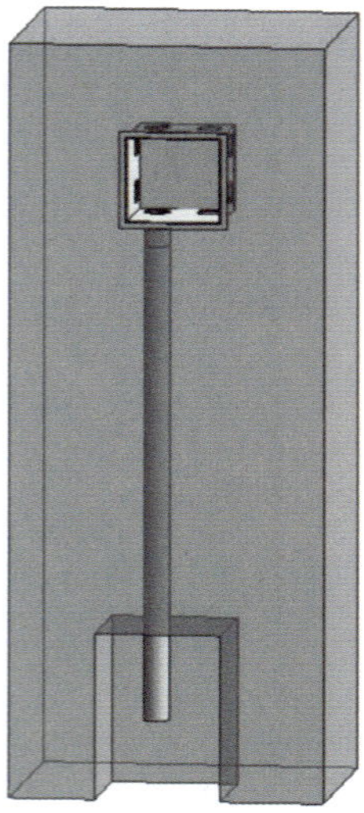

预埋节点 1

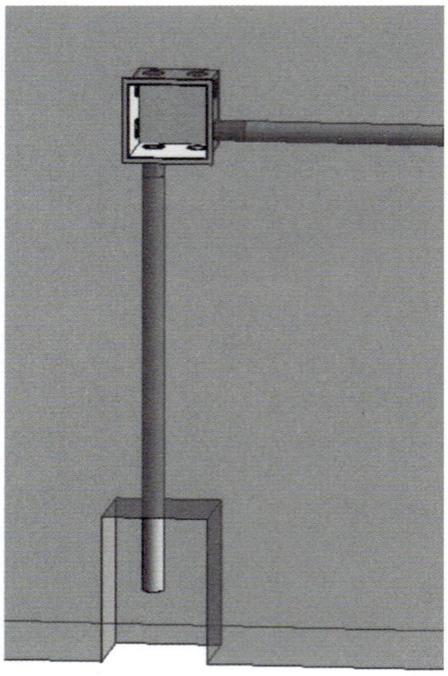

预埋节点 2

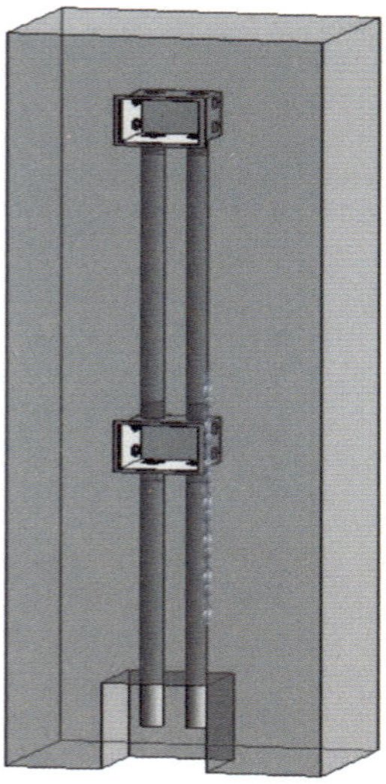

预埋节点 3

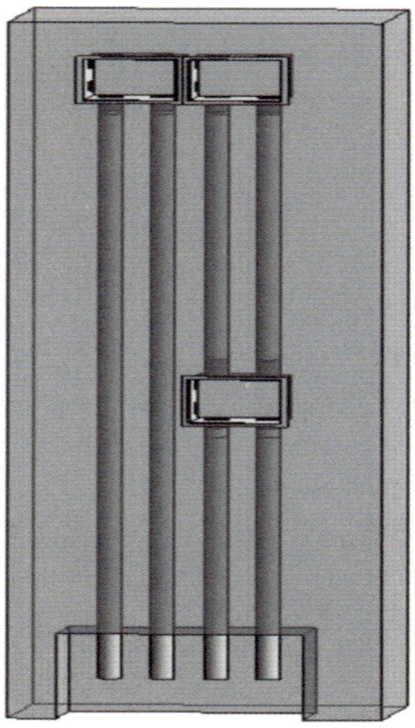

预埋节点 4

▲说明：管线的走线方式应满足设计要求，同时需考虑施工的便利性，综合这两个因素，结合生产工艺是否能够实现进行优化，尽可能减少管线铺设的长度，方便构件生产及施工安装。

5.3.2　叠合楼板预留预埋节点

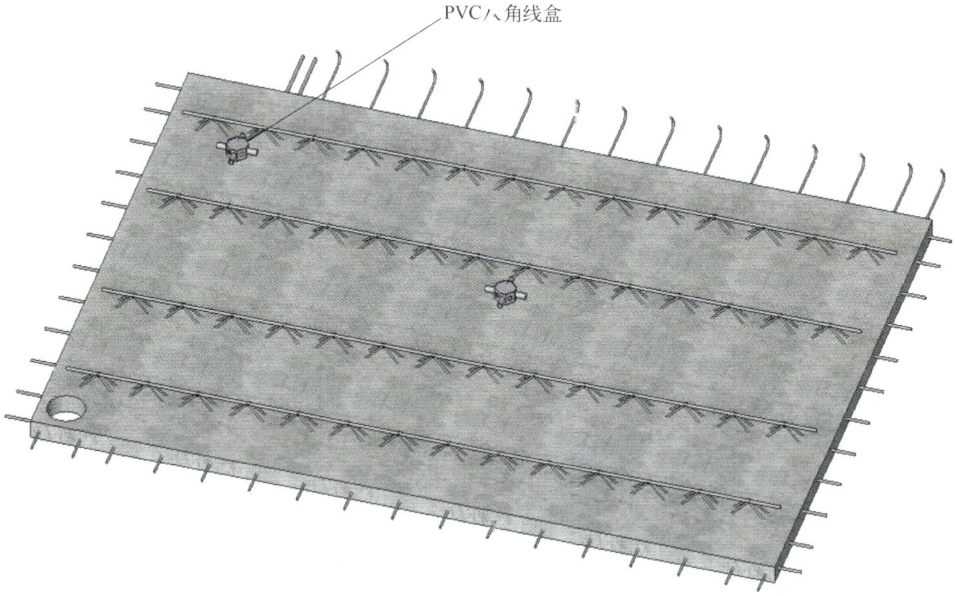

叠合楼板电气点位预留预埋节点

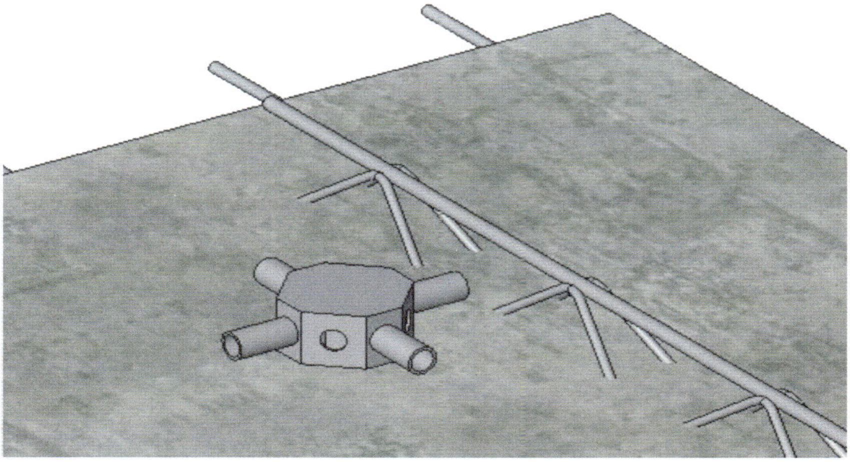

细节展示

▲**说明：**叠合板上线盒规格的选用，应考虑后浇筑混凝土中桁架筋的外露高度，方便后期管线施工。

5.3.3 阳台板预留预埋节点

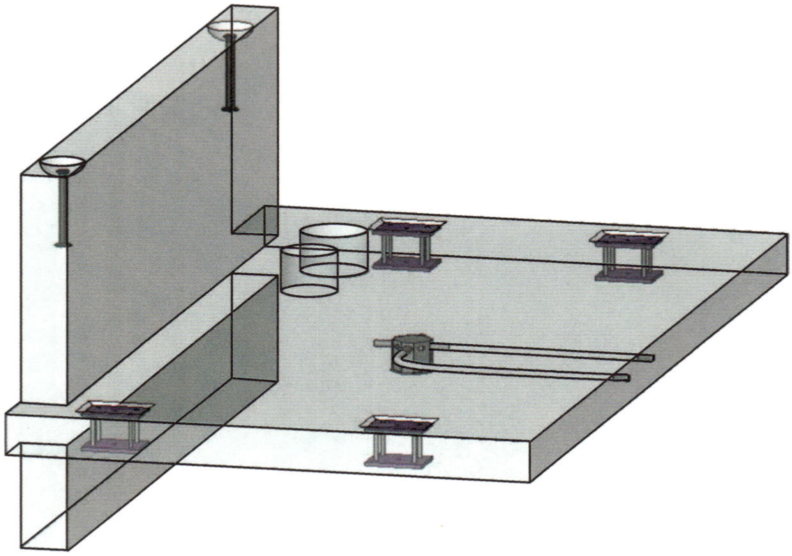

阳台板电气点位预留预埋节点 1

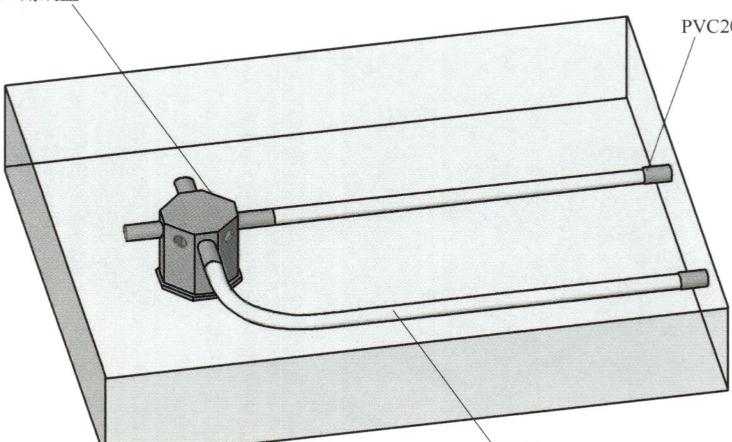

阳台板电气点位预留预埋节点 2

5.3.4 楼梯板预留预埋节点

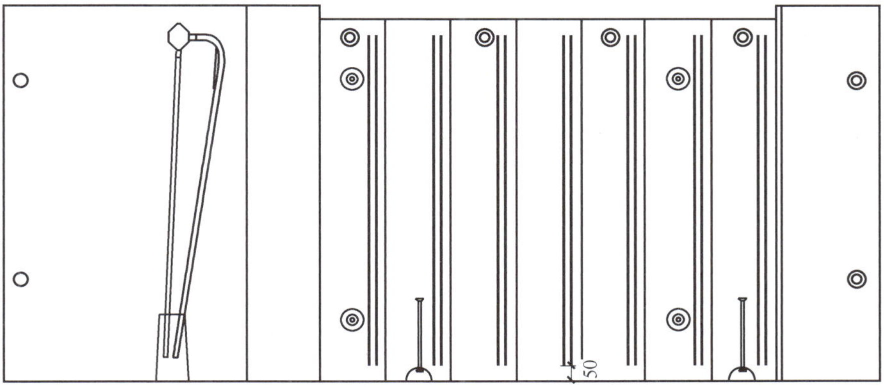

楼梯板平面图

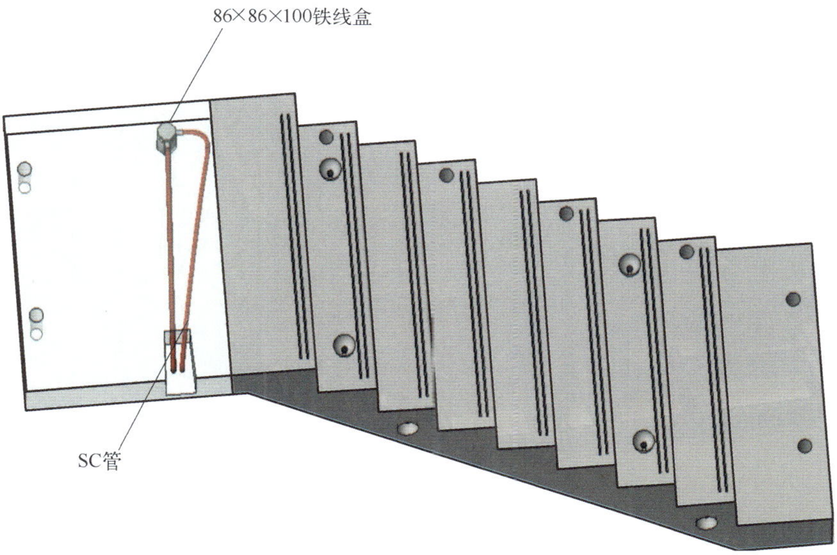

楼梯板电气点位预留预埋节点

5.3.5 RFC 条板预留预埋节点

RFC 条板电气点位预留预埋节点 1

RFC 条板电气点位预留预埋节点 2

▲**说明：** RFC 内含空腔，可方便电气管线在其中铺设。

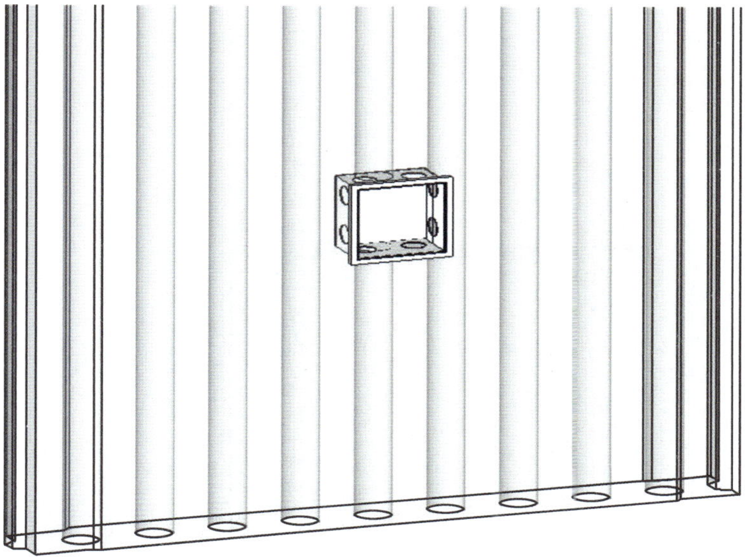

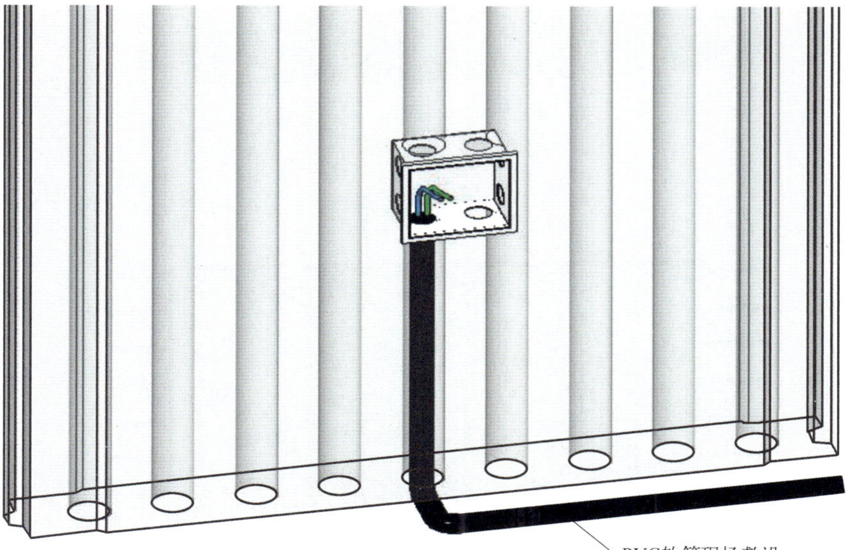

细节展示

5.4 给排水预留预埋

5.4.1 墙板预留预埋节点

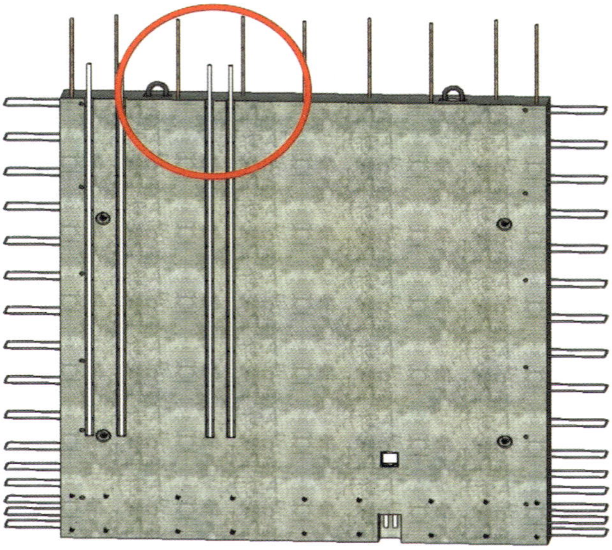

给排水预留预埋节点 1

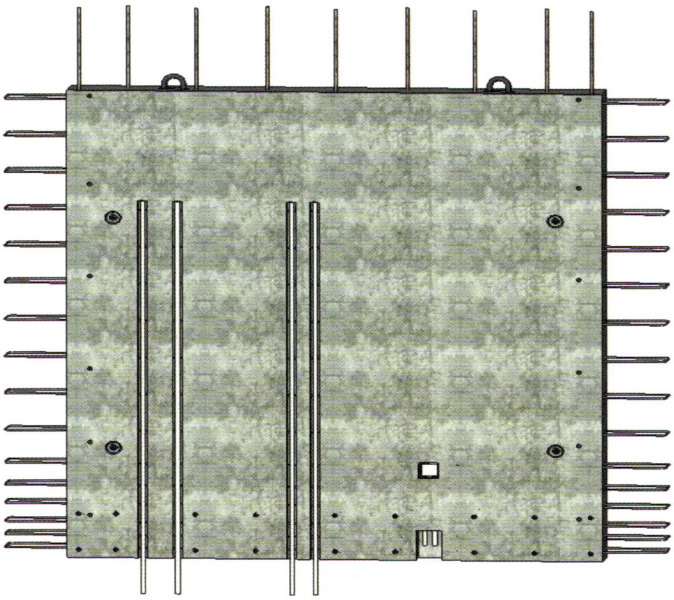

给排水预留预埋节点 2

扫码观看
节点动画

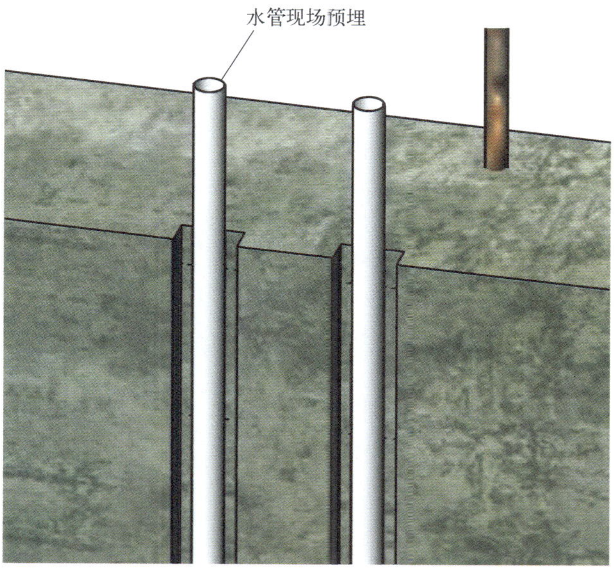

预埋方式 1

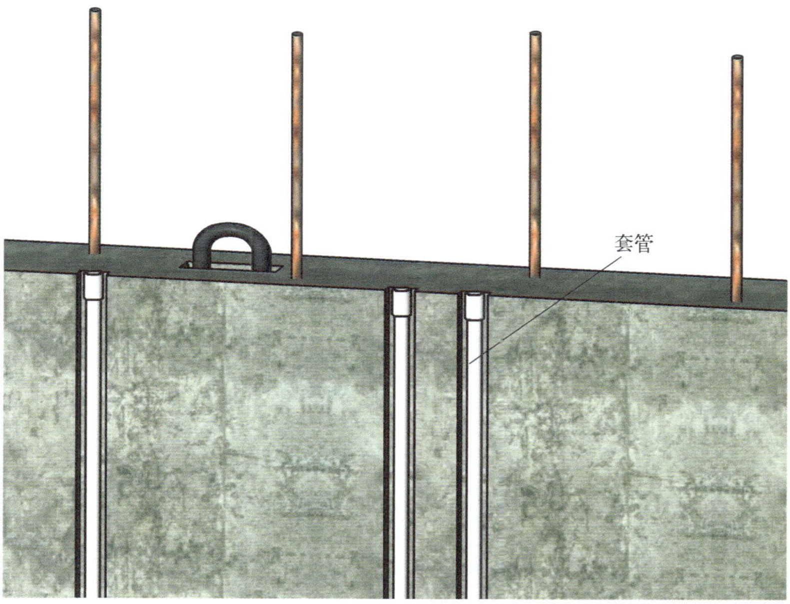

预埋方式 2

▲说明：因部分项目的装修做法使得墙板厚度较薄，目前卫生间或厨房位置需预留管槽，方便水管铺设。

5.4.2 叠合楼板预留预埋节点

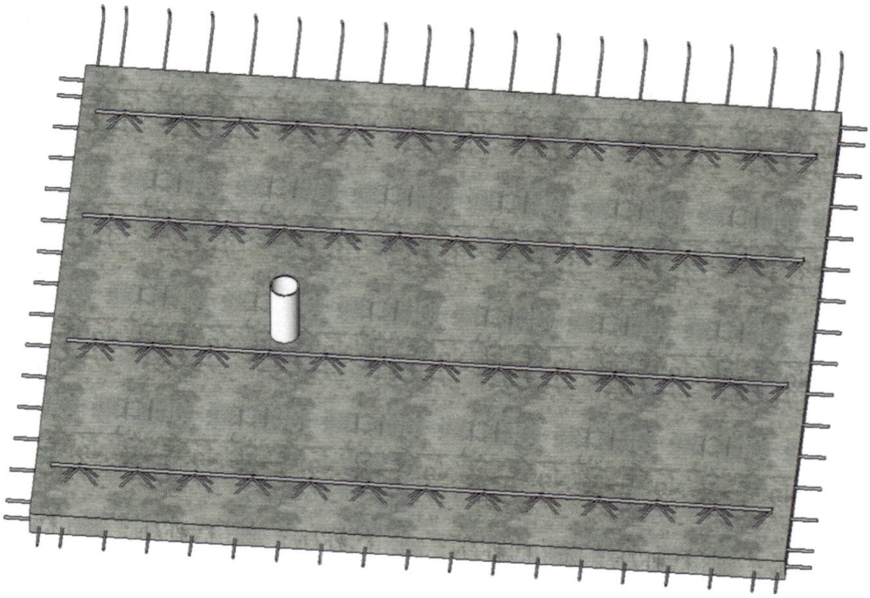

叠合楼板给排水点位预留预埋

5.4.3 空调板预留预埋节点

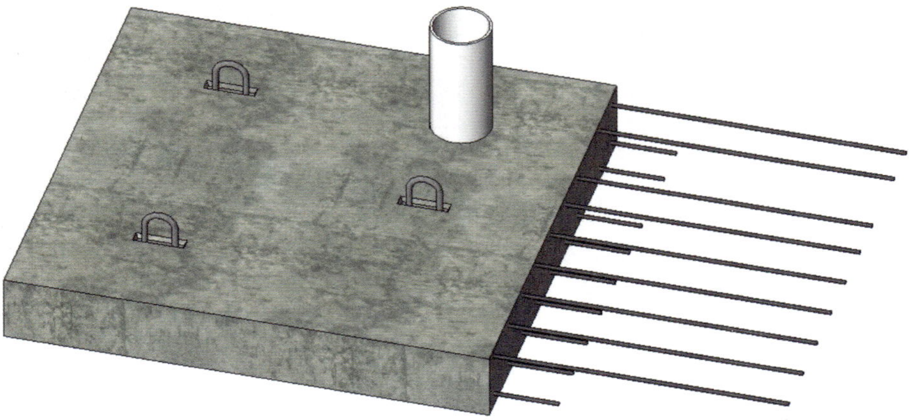

空调板给排水点位预留预埋

5.5 构件存放

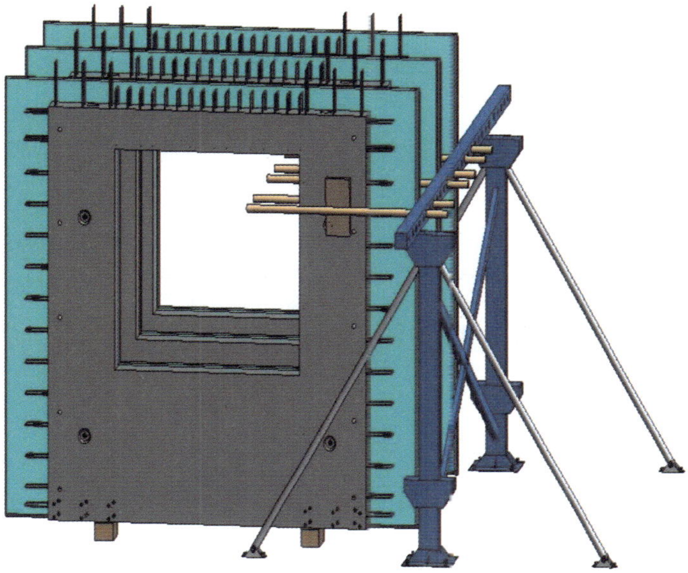

外墙板存放 1

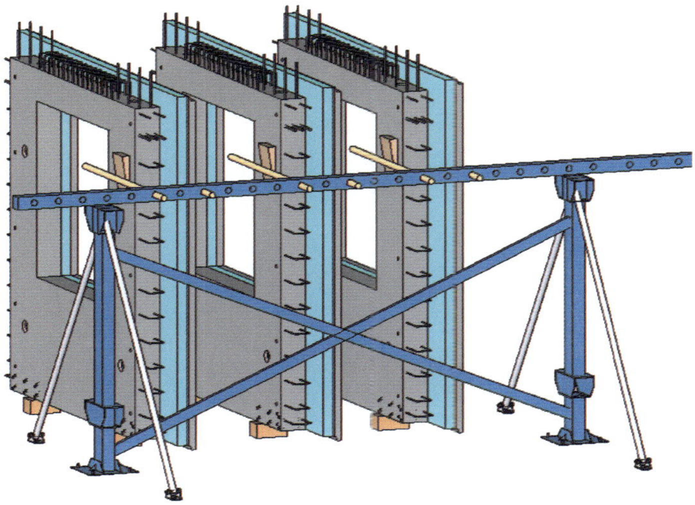

外墙板存放 2

扫码观看
节点动画

▲说明：因需考虑墙板码放场地的具体情况，码放架的规格应通过设计计算得出。

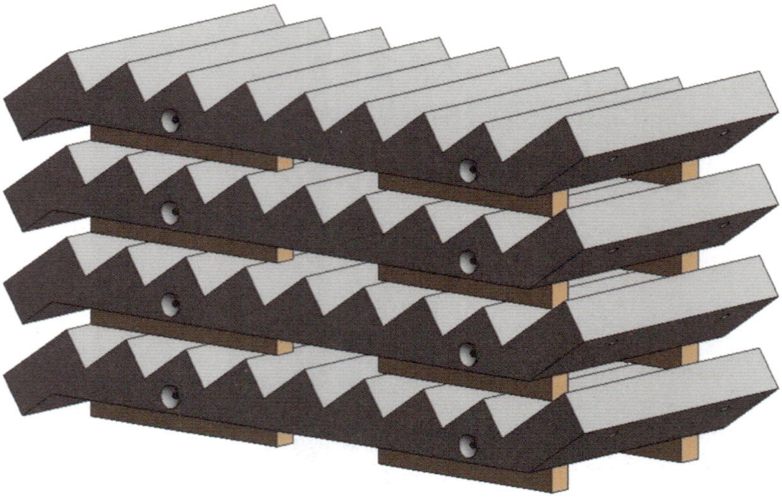

楼梯存放 1

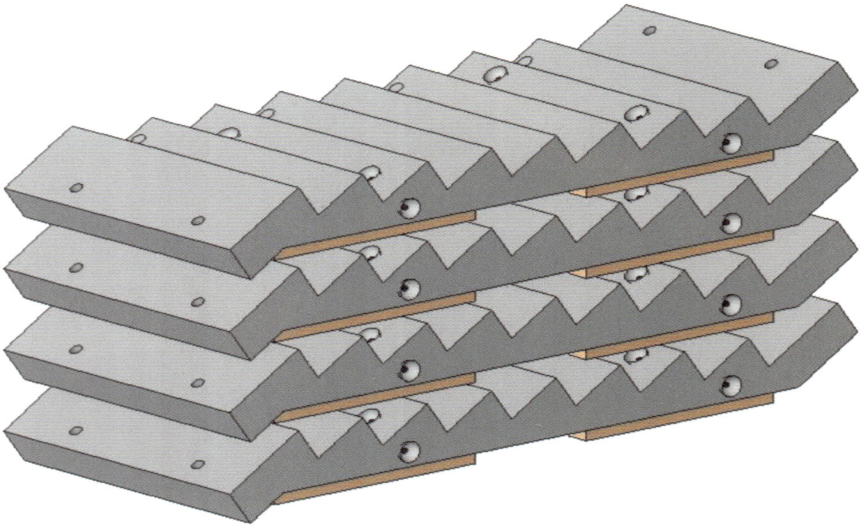

楼梯存放 2

▲**说明：**构件需严格按照图集要求或设计说明中规定的层数进行码放。

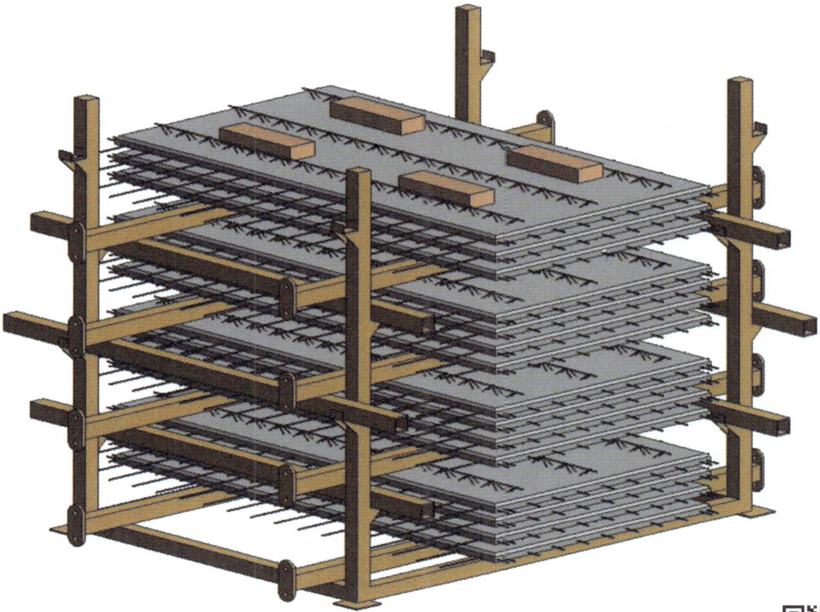

叠合板存放 1

扫码观看
节点动画

叠合板存放 2

▲说明：立体存放架应充分考虑结构的稳定性及安全性。

内墙板存放 1

扫码观看
节点动画

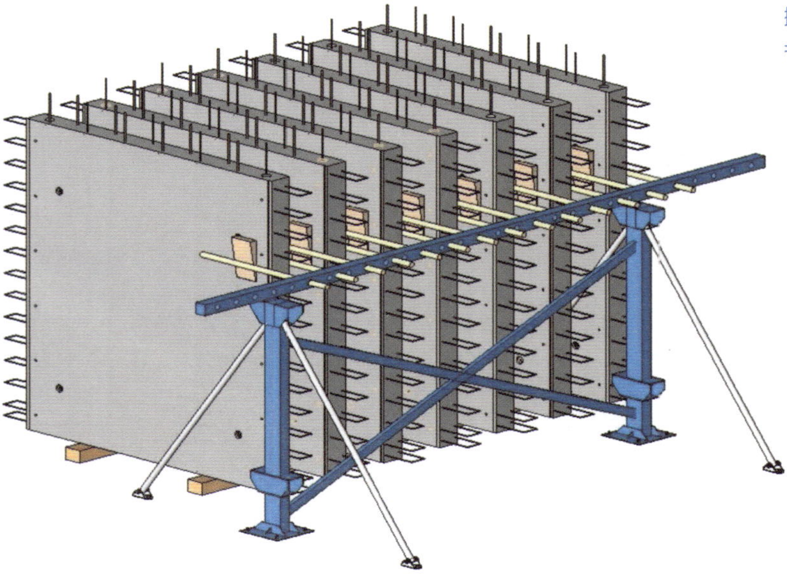

内墙板存放 2

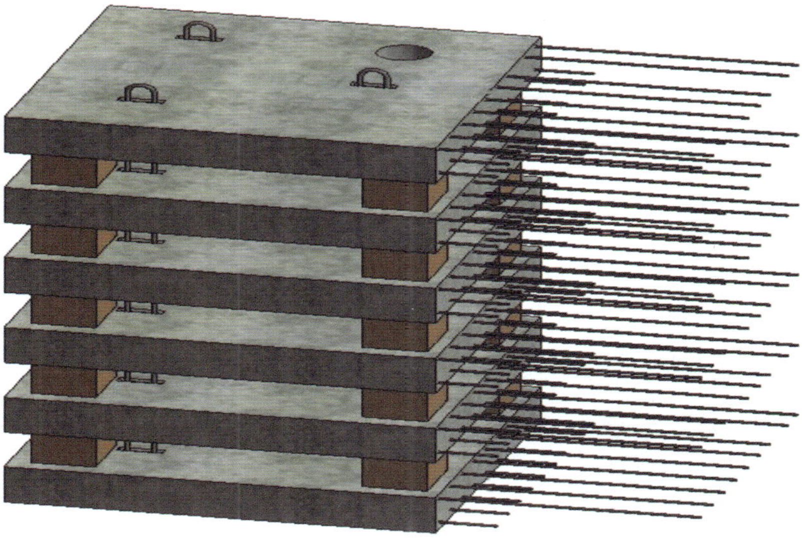

空调板存放 1

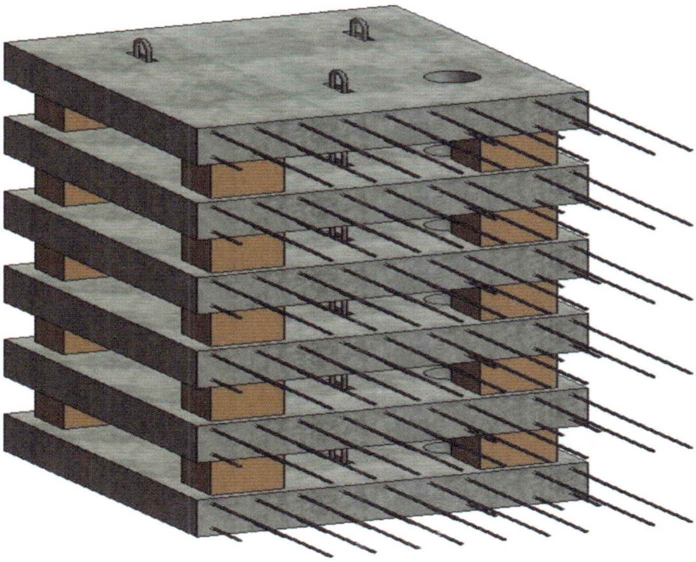

空调板存放 2

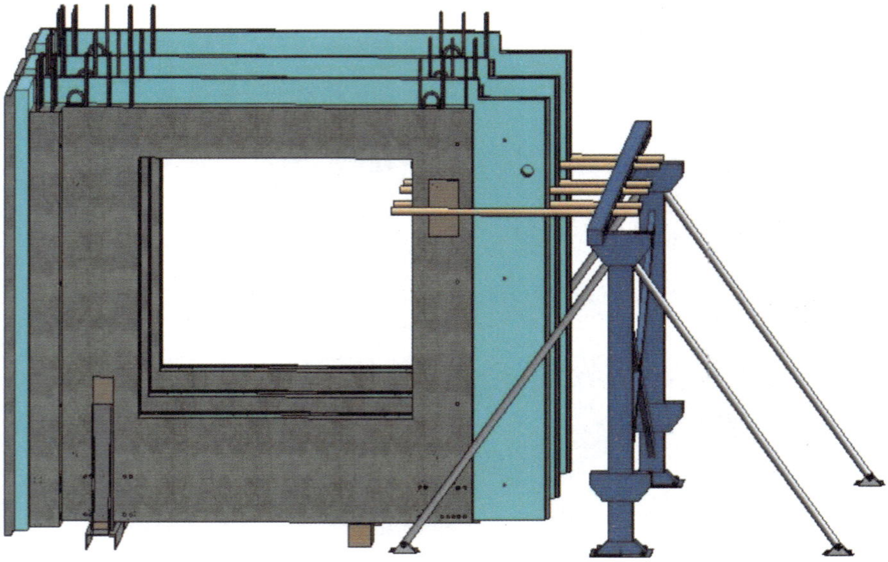

纵肋夹心保温外墙板（L 形）存放 1

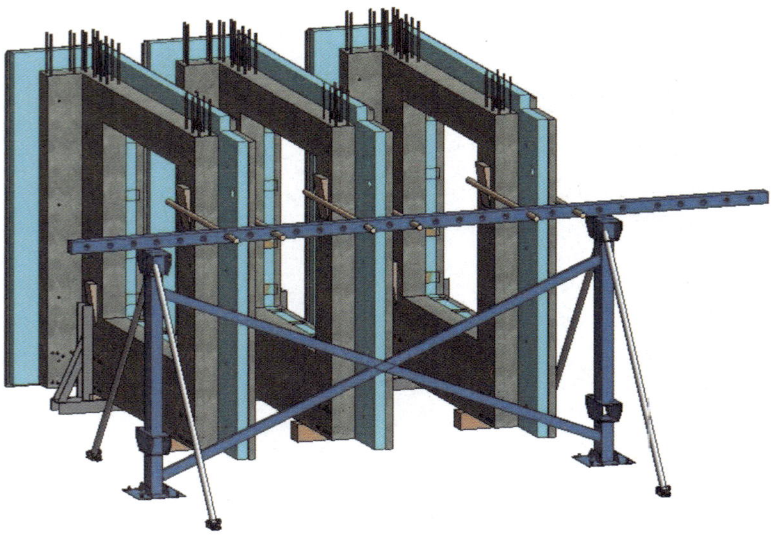

纵肋夹心保温外墙板（L 形）存放 2

集成卫生间存放

▲**说明：** 整体集成卫生间的存放，应考虑卫生间的集成工艺、质检工序，留出足够的施工空间。

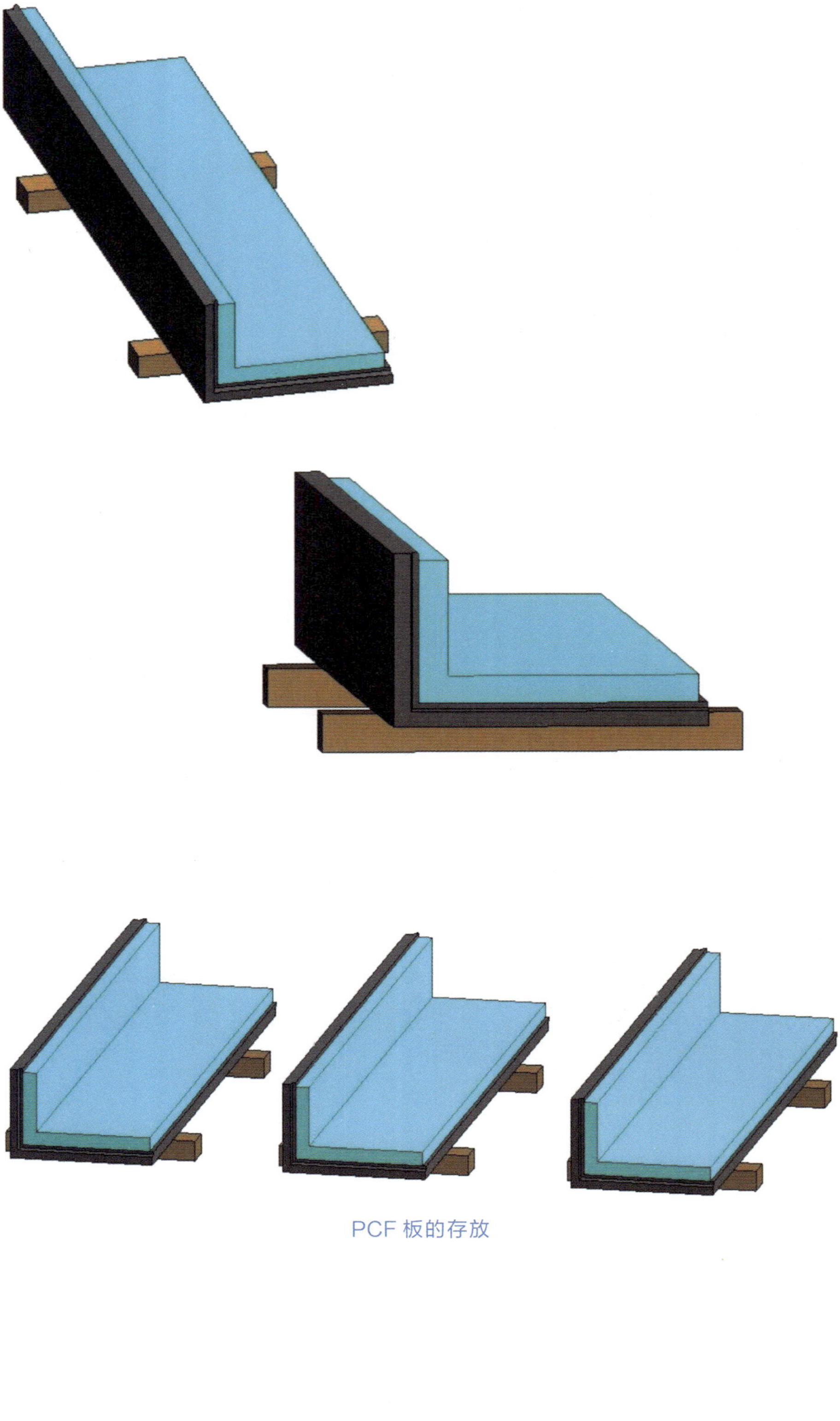

PCF 板的存放

5.6 构件运输

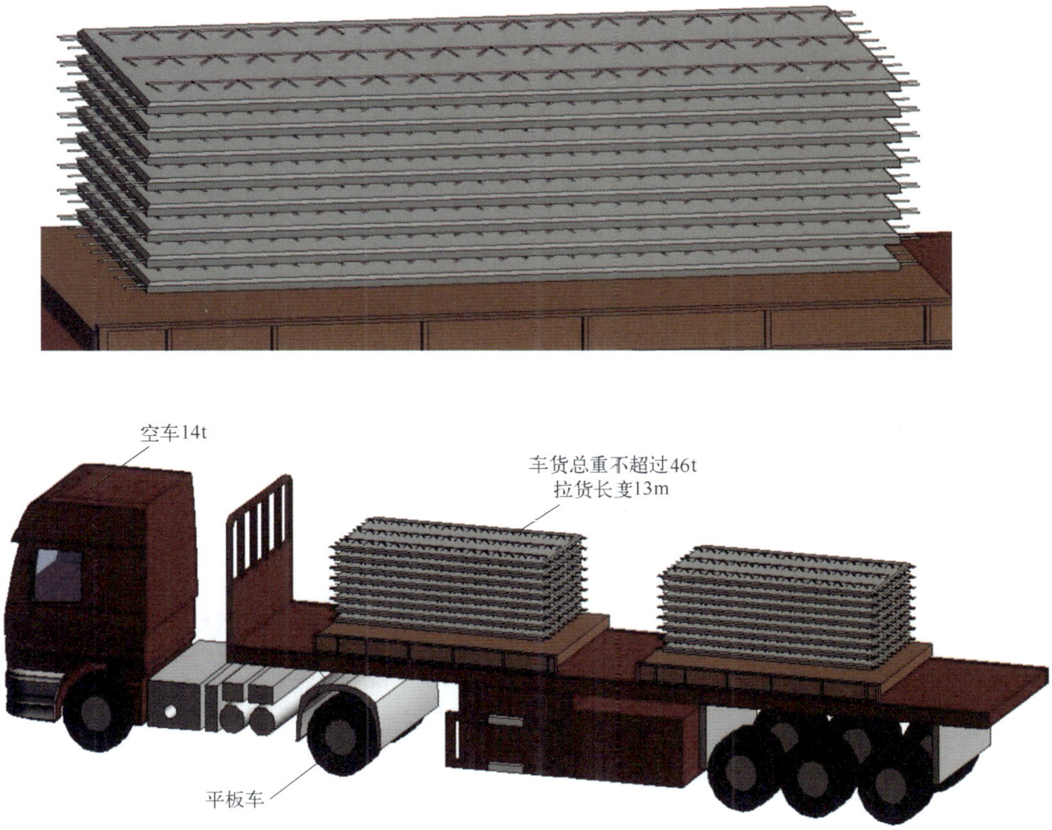

叠合板运输节点

▲说明：平板车主要用于运输叠合楼板、全能板、空调板、阳台板、楼梯板以及 PCF 板。

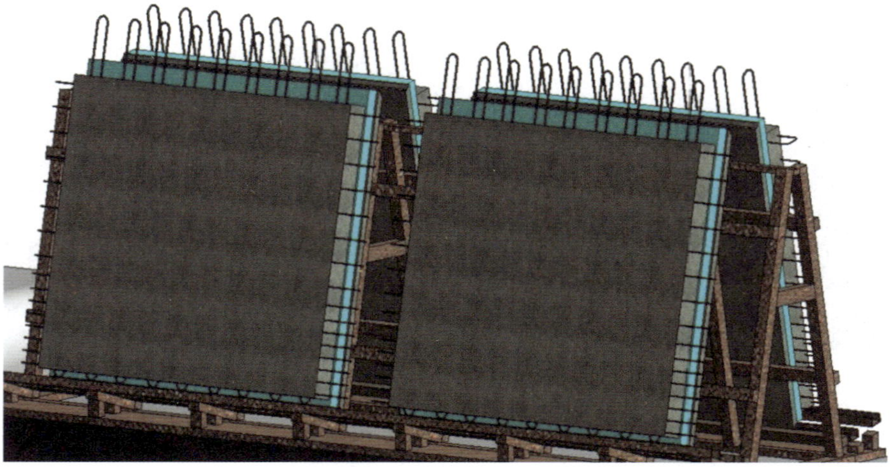

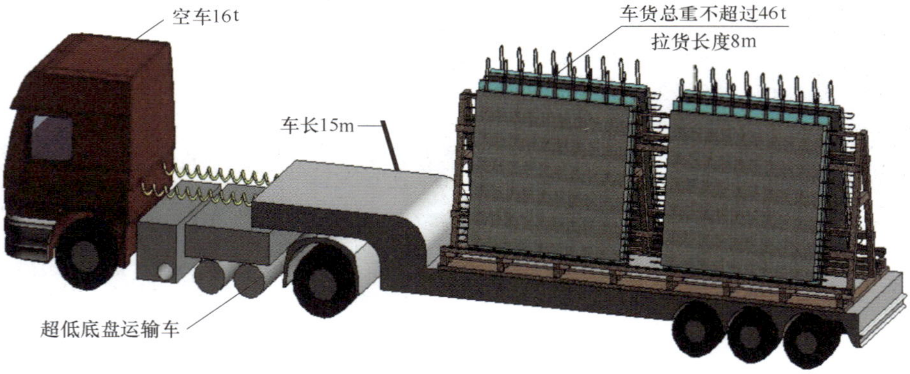

墙板运输节点

▲**说明：**超低底盘运输车主要用于运输高度较高的外墙板、内墙板以及外挂板。常规高度的外墙板、内墙板及外挂板可使用平板运输车运输。

5.7 转换层预留插筋

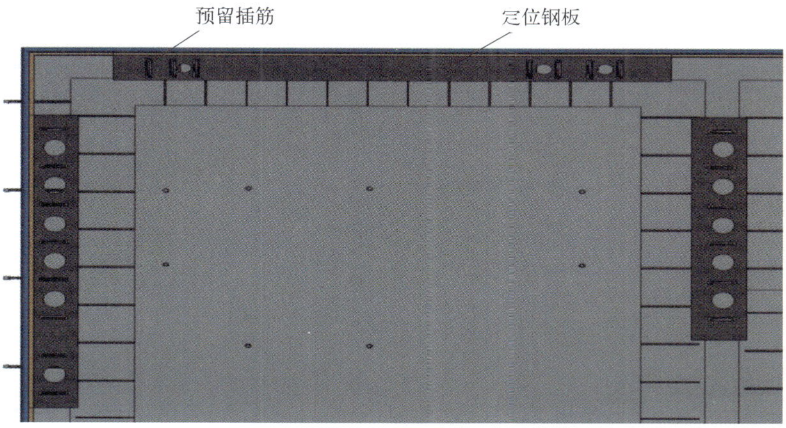

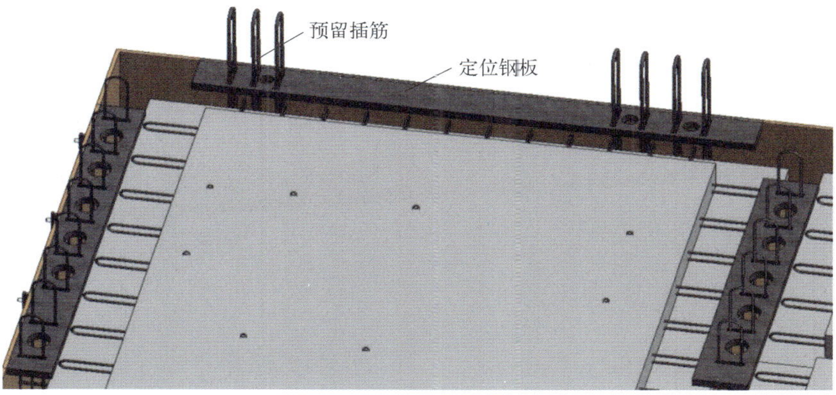

转换层预留插筋节点

定位钢板

扫码观看
节点动画

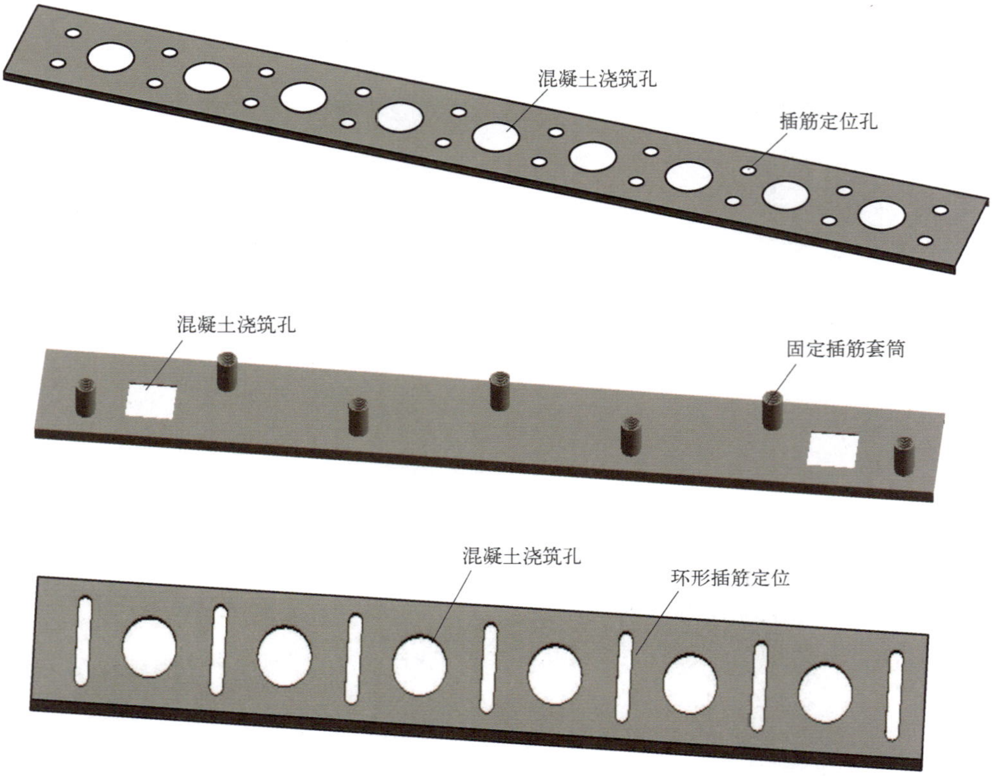

定位铁板

▲说明：使用转换层定位钢板，应考虑模具的标准化、周转率，降低施工安装成本。

第6章 装配式混凝土施工节点

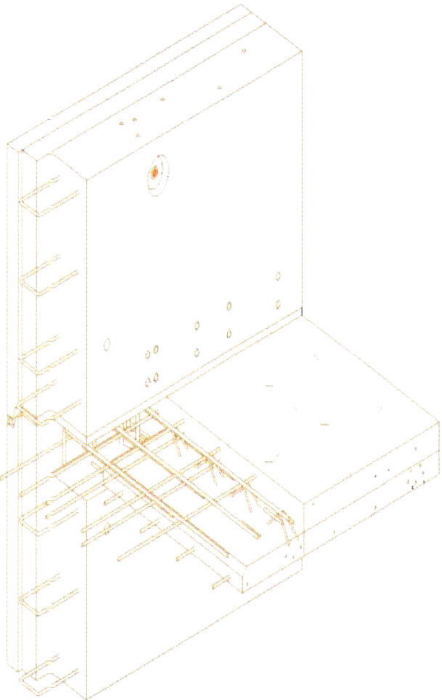

6.1 构件吊装

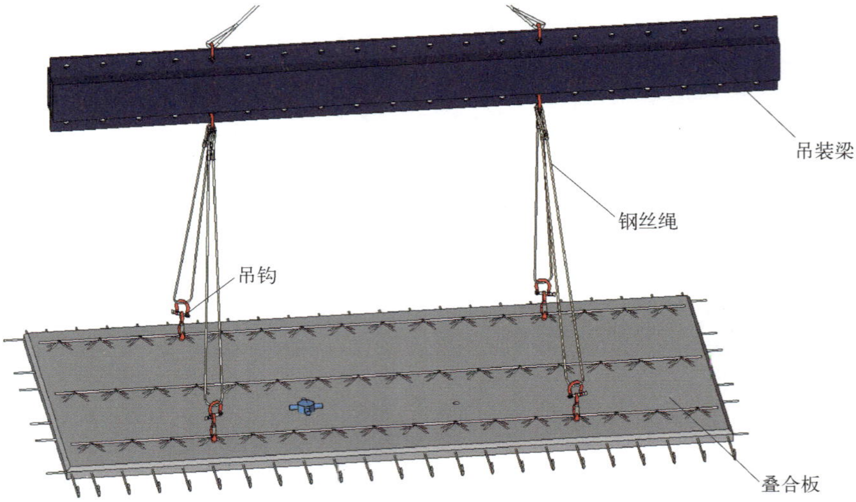

叠合板吊装节点

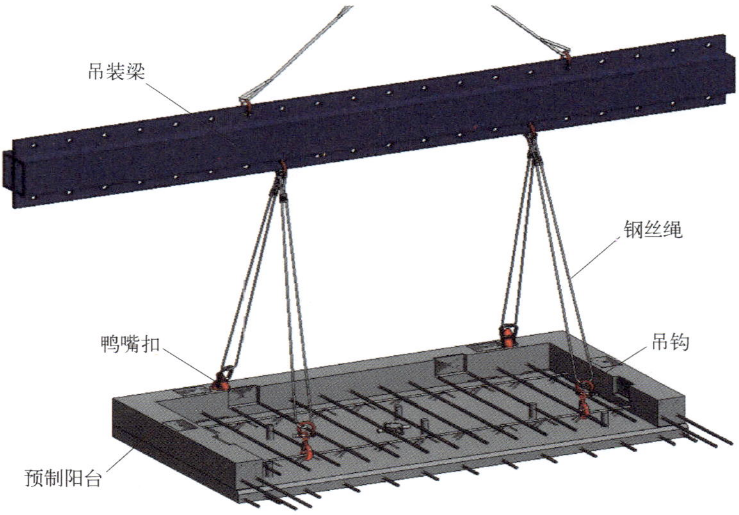

阳台板吊装节点

▲**说明：** 吊装梁的吨位应充分考虑吊装构件的最大限重。

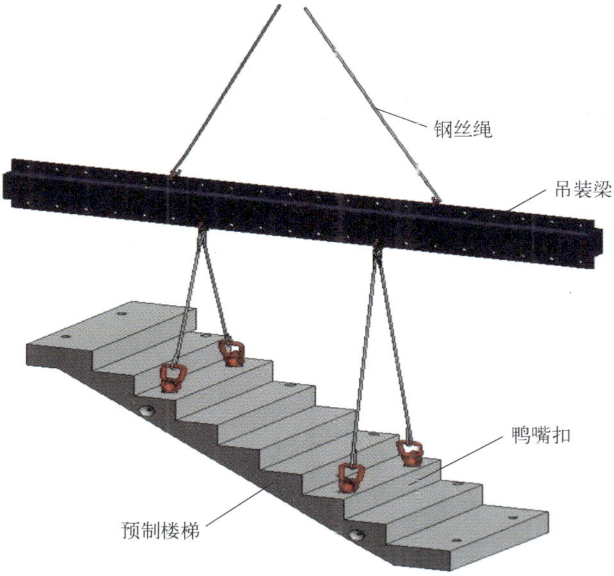

楼梯吊装节点

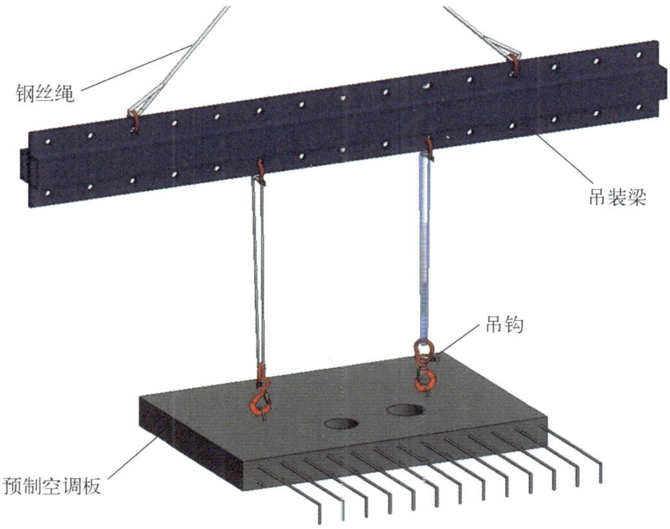

空调板吊装节点

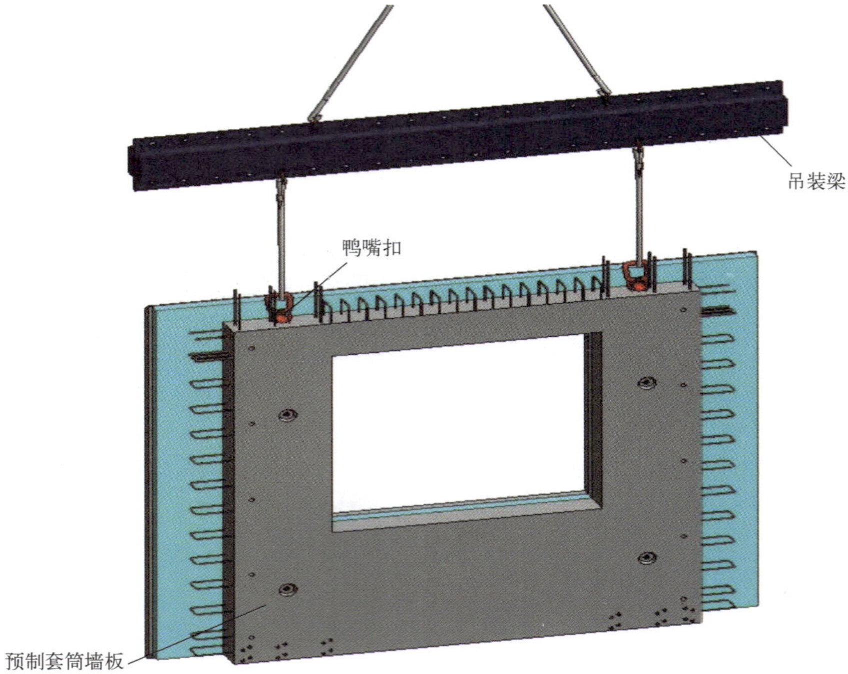

预制墙板（套筒）吊装节点

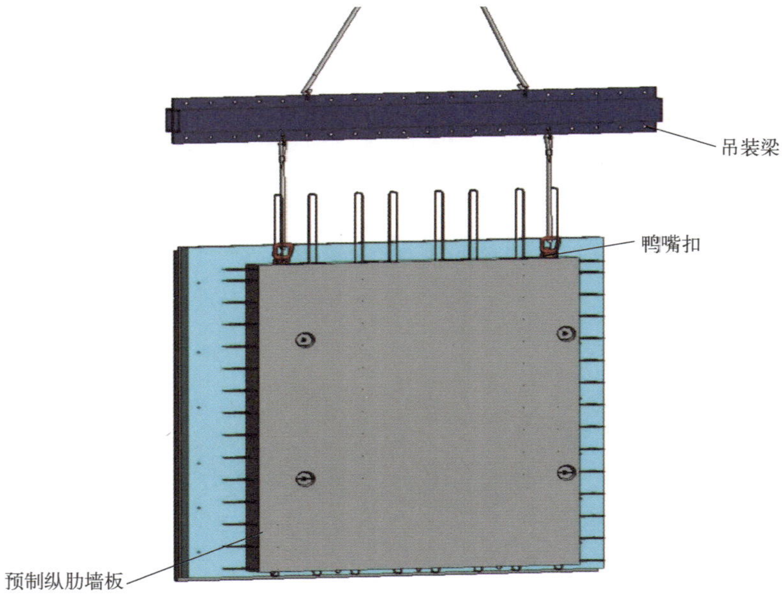

预制墙板（纵肋）吊装节点

预制挂板吊装节点

▲**说明：** 所有构件吊装前应设计好吊装点位，吊装点位应契合构件重心位置，确保吊装梁下侧钢丝绳同时受力且受力均匀。

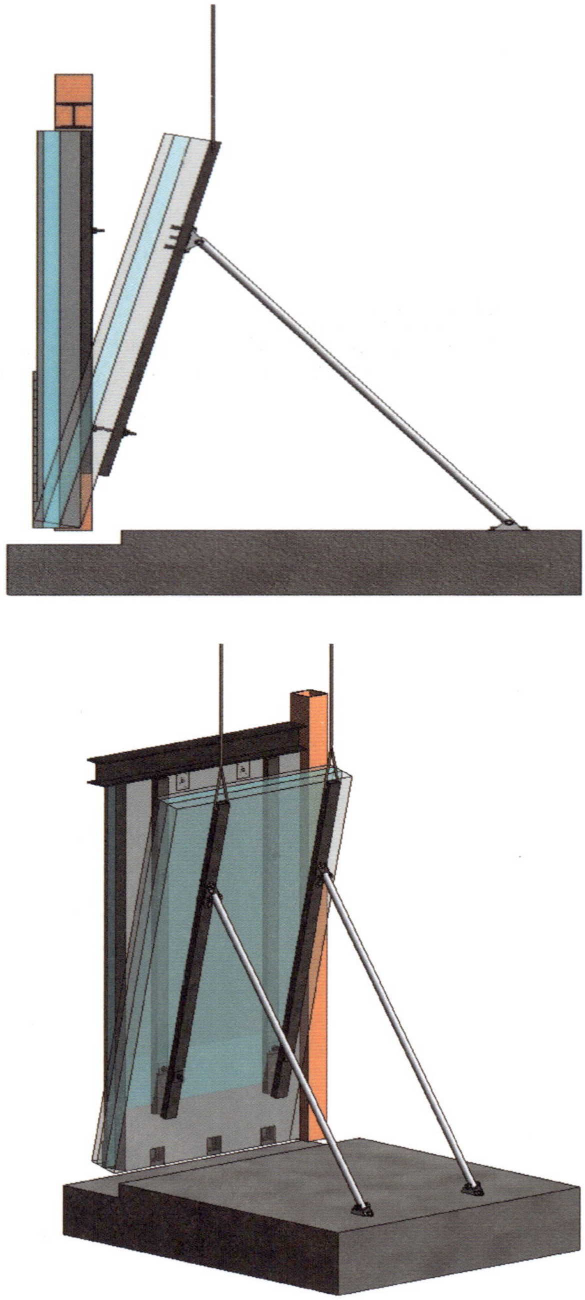

有钢梁情况下的竖向构件吊装

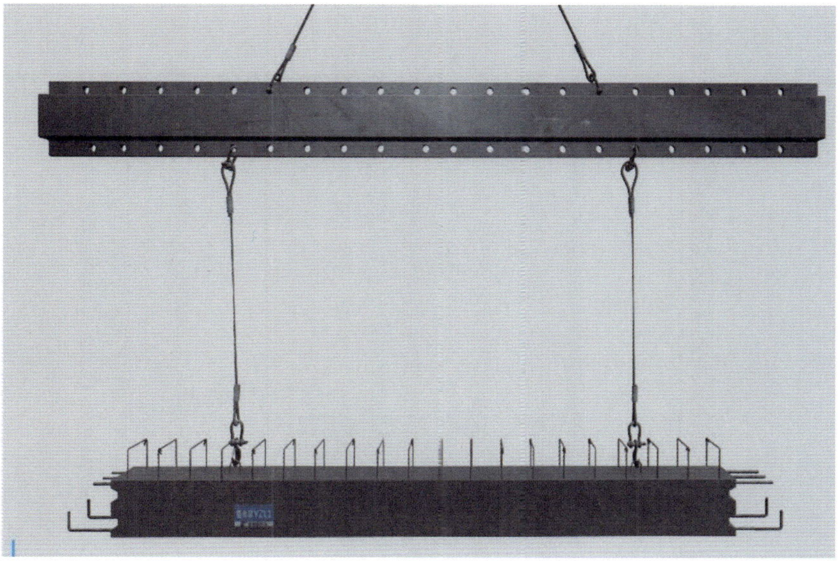

预制梁吊装节点

预制柱吊装节点

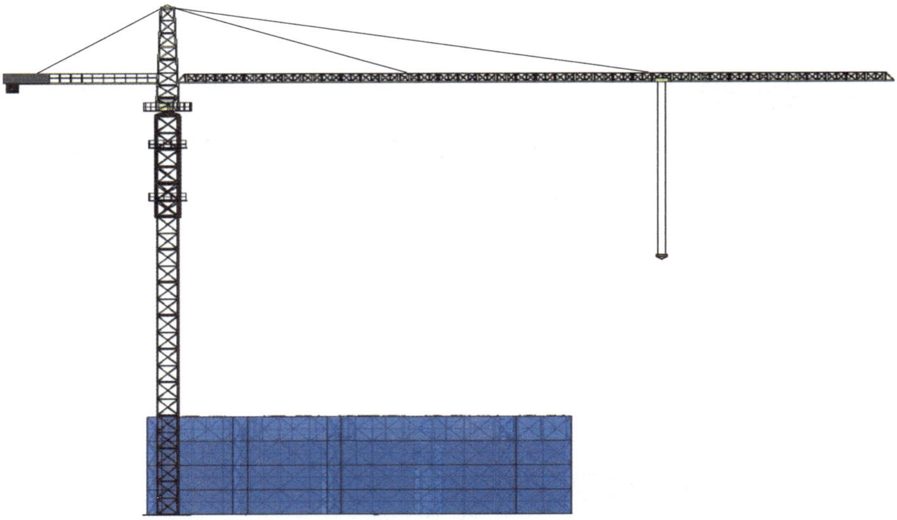

塔吊

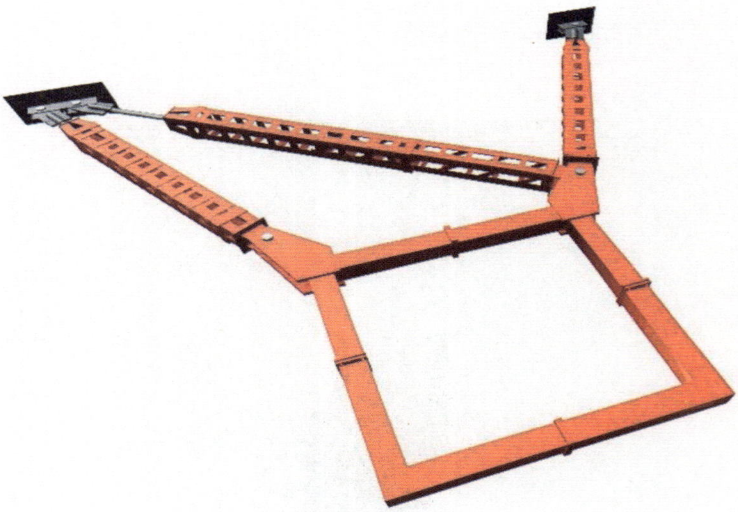

塔吊附着节点 1

▲说明：塔吊的附着点位需提前优化，可在附着点位所在楼层增设钢柱，钢柱两端固定于层间楼板，附着点位与钢柱连接，以此实现附着点位的固定。

塔吊附着节点 2

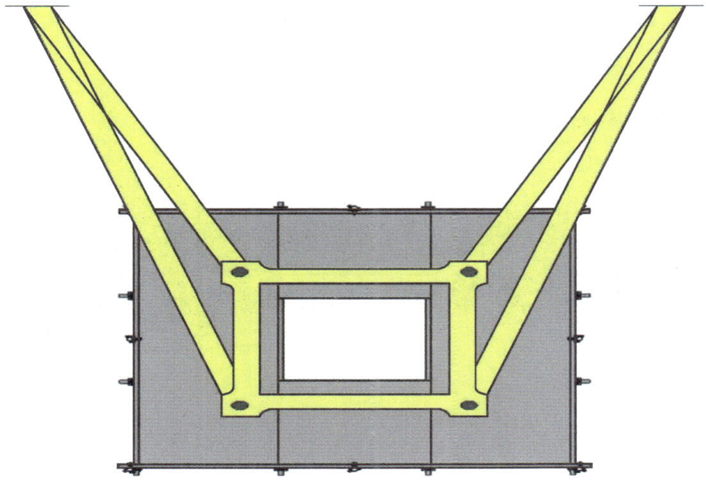

塔吊附着节点 3

扫码观看
节点动画

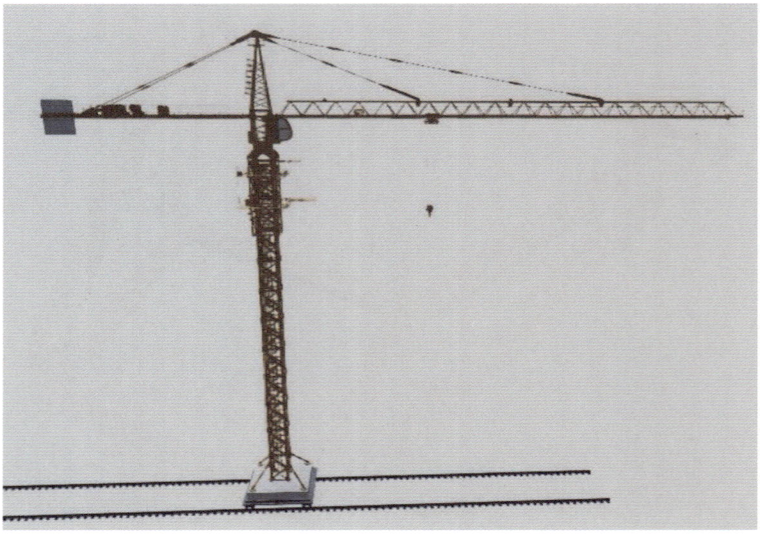

附着式塔吊节点

6.2 施工外架

6.2.1 附着式提升脚手架附着节点

附着式提升脚手架附着节点 1

附着式提升脚手架附着节点 2

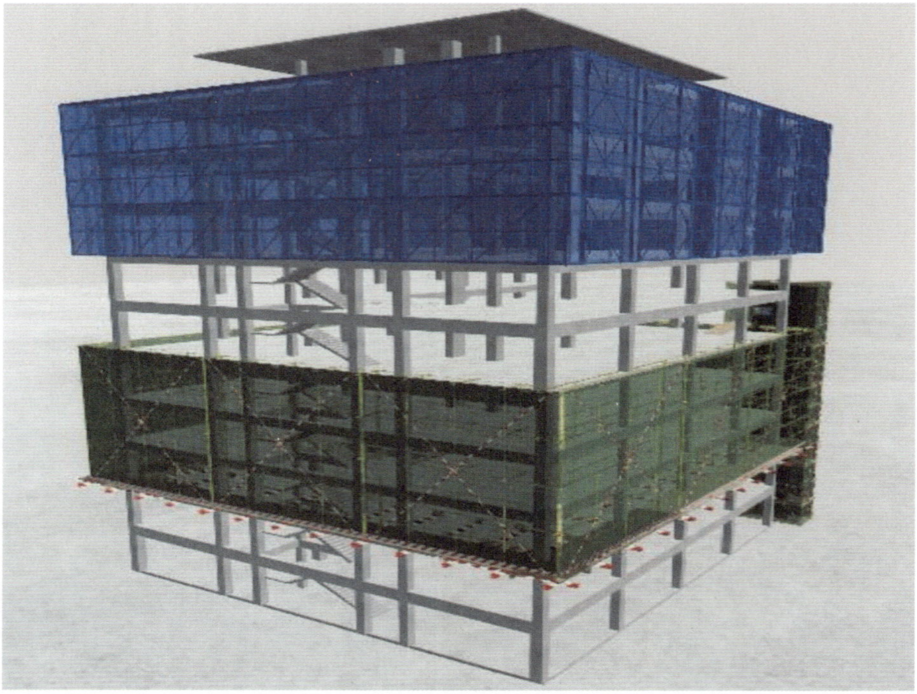

附着式提升脚手架附着节点 3

升降设备

升降上吊挂件、下吊挂点、荷载传感器

6.2.2 悬挑式脚手架连接节点

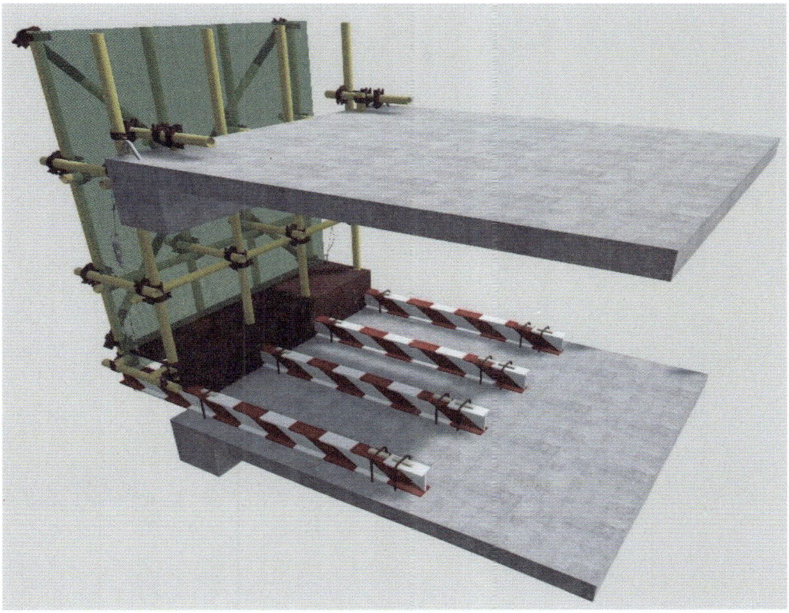

悬挑式脚手架连接节点 1

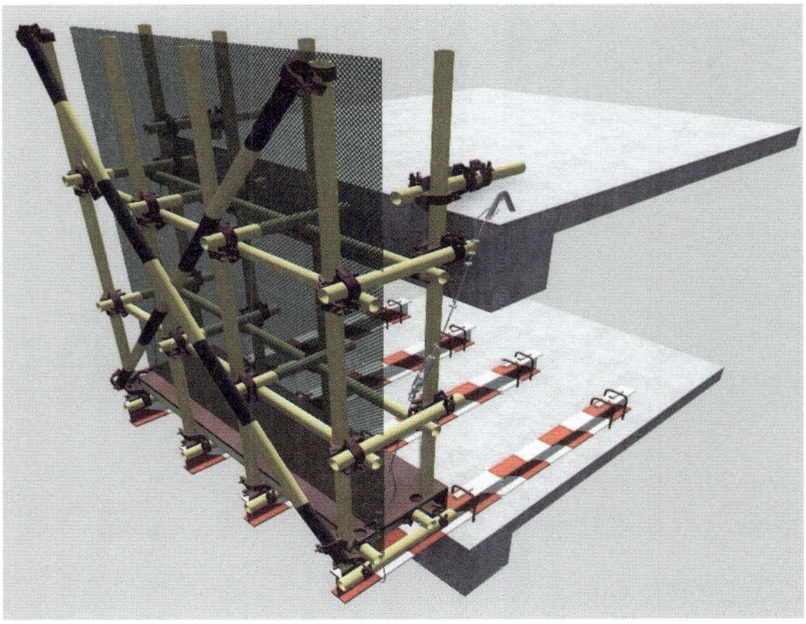

悬挑式脚手架连接节点 2

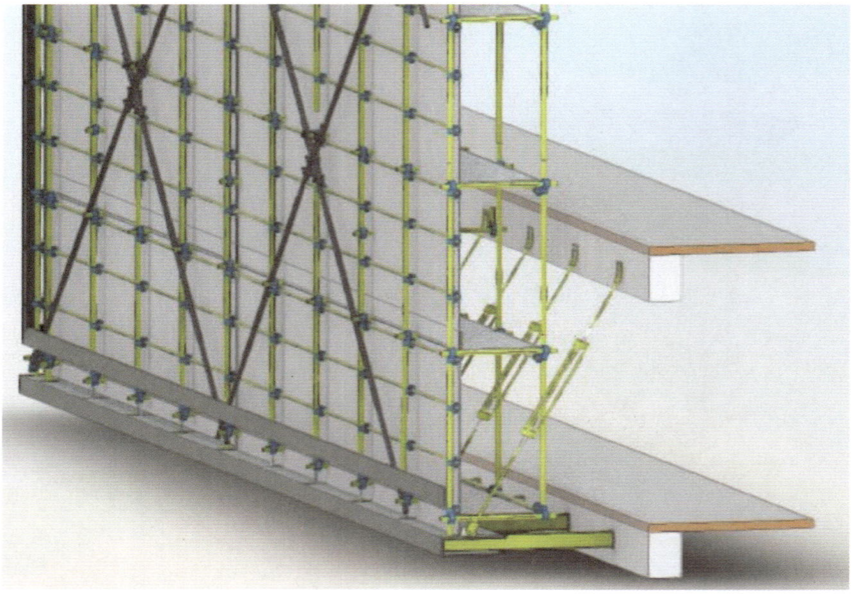

悬挑式脚手架连接节点 3

悬挑式脚手架连接节点 4

6.2.3　落地式脚手架连接节点

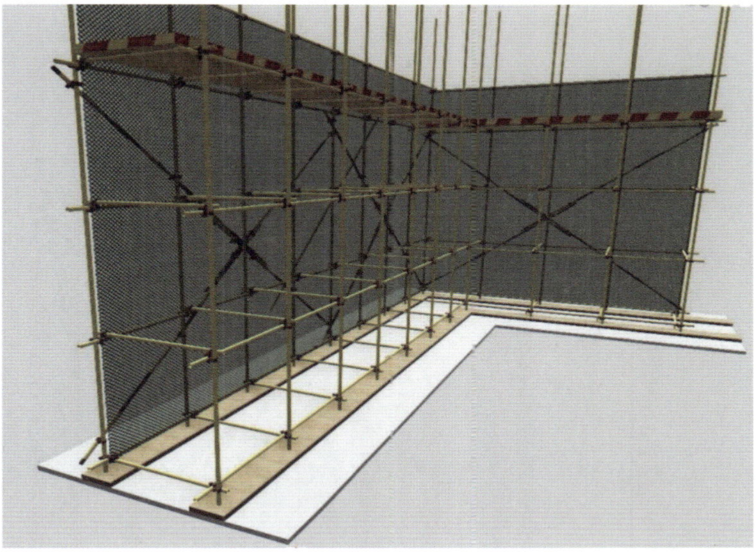

落地式脚手架连接节点 1

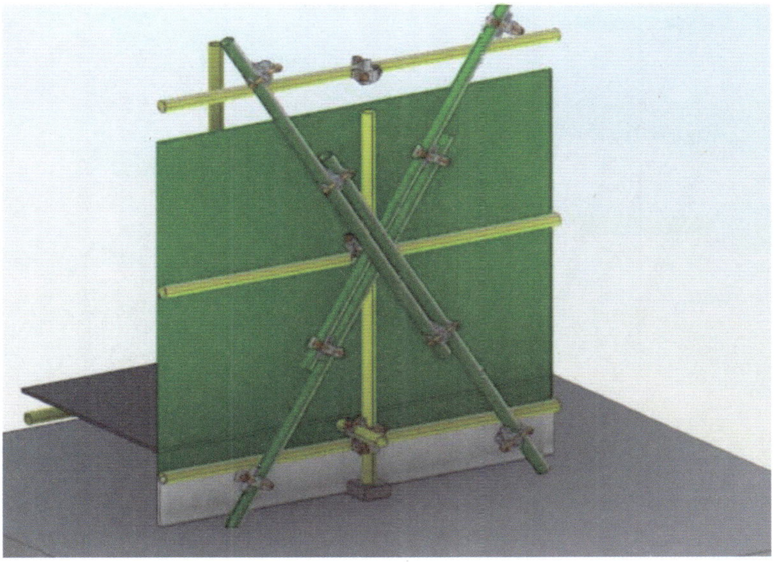

落地式脚手架连接节点 2

▲**说明：**架体的连墙件位置应提前与预制构件厂商共同优化，可在施工期间利用墙体顶部水平缝隙叠合层预埋连接件，待强度满足要求后与架体连接。

6.2.4 门式脚手架连接节点

门式脚手架

▲**说明**：门式移动操作平台，需结合施工现场的层高、用途进行选用，搭设时应符合规范要求，使用期间应系好安全带，搭设护身栏杆，严禁违规使用。

6.2.5 碗扣式脚手架连接节点

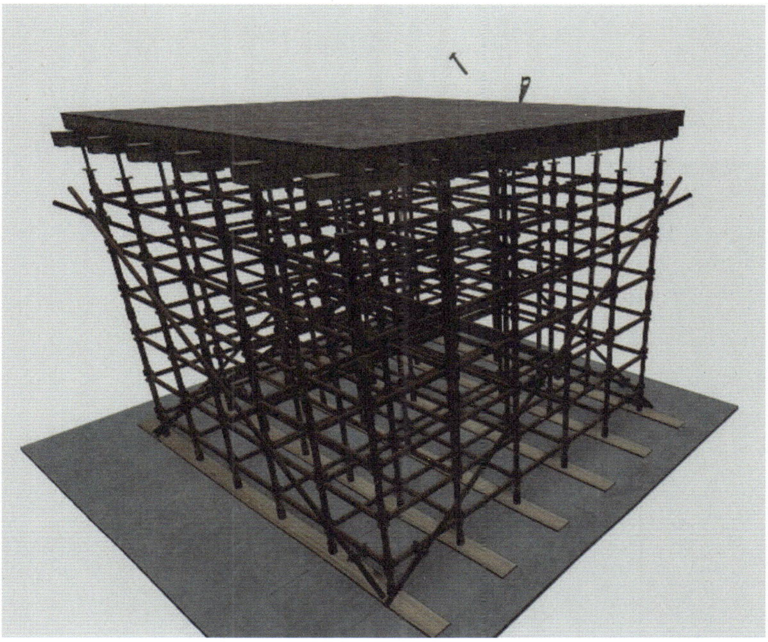

碗扣式脚手架——多层板铺设

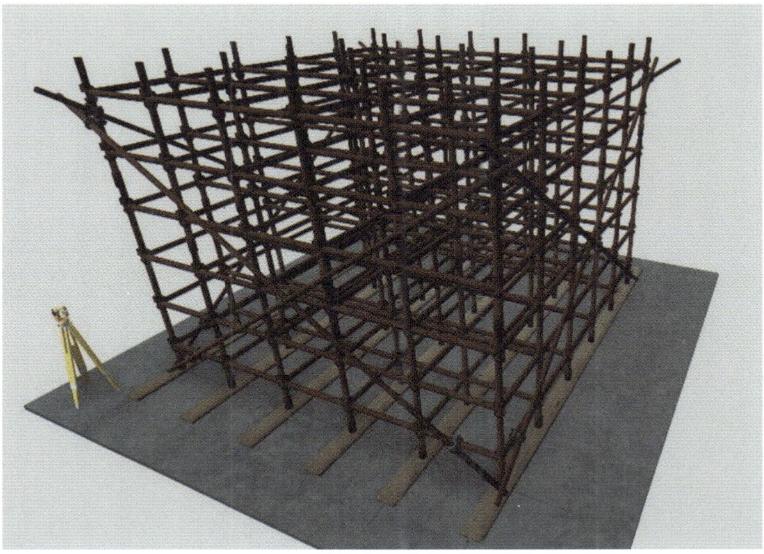

碗扣式脚手架——剪刀撑安装

▲**说明：**碗扣式脚手架架体搭设前需编制专项方案，方案中应明确架体的步距、跨距、剪刀撑、连接点等各项架体设计的关键参数，施工现场应严格按照方案搭设。

6.3 转换层施工节点

6.3.1 套筒灌浆体系转换层节点

扫码观看
节点动画

套筒灌浆体系转换层节点 1

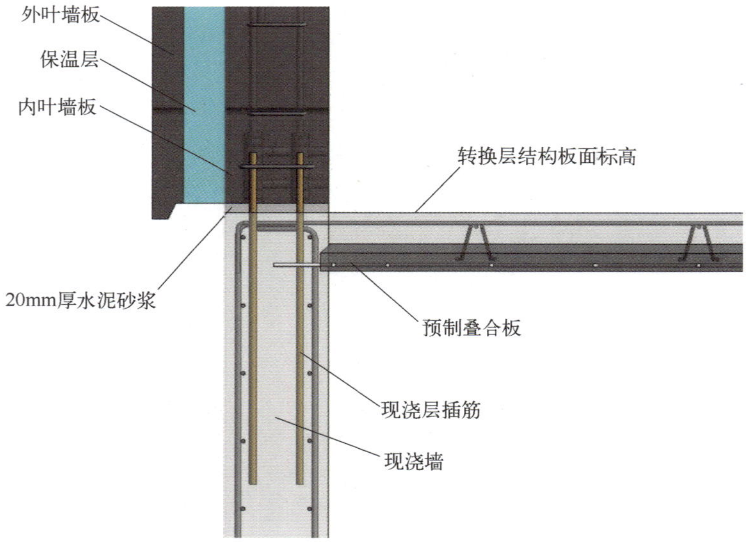

套筒灌浆体系转换层节点（剖面图）

▲**说明：**转换层施工，需利用专用模具控制好预留插筋的位置，确保预制构件吊装时可准确就位。同时应注意预制墙体的各项参数（尺寸、预埋件等）应准确。

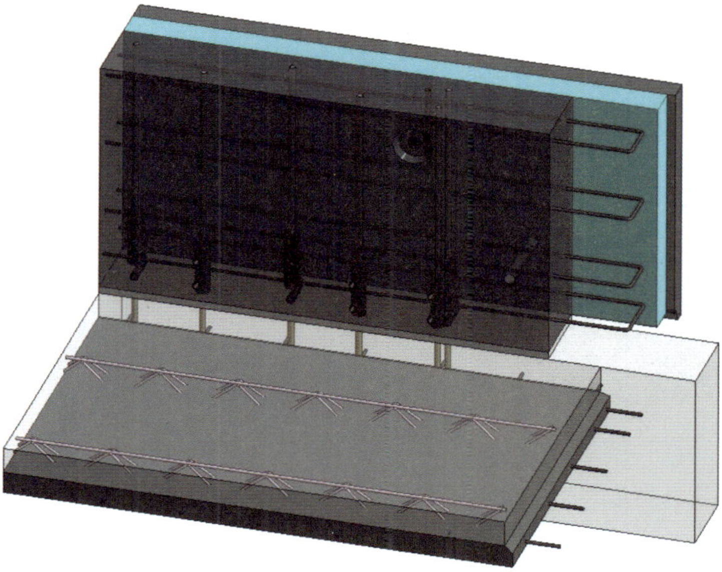

套筒灌浆体系转换层节点 2

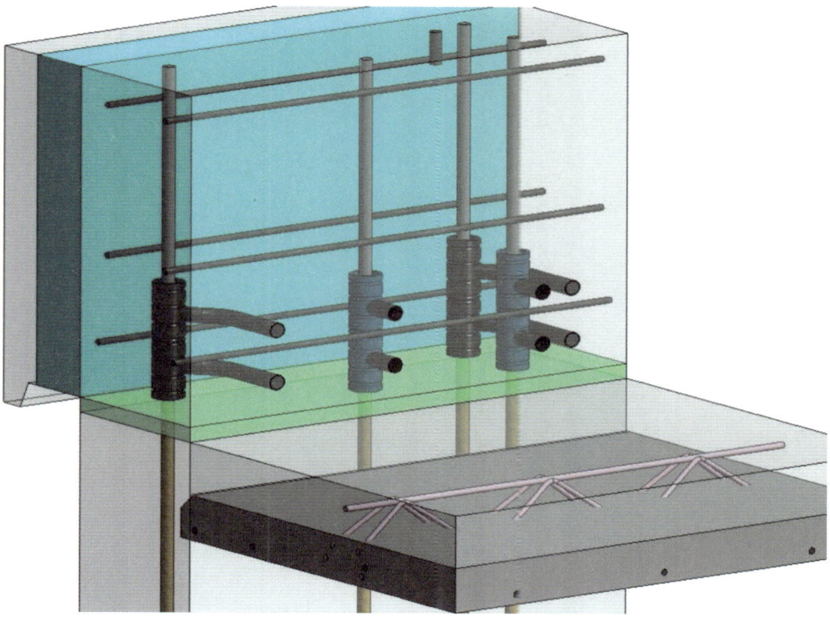

套筒灌浆体系转换层节点 3

6.3.2 纵肋叠合体系转换层节点

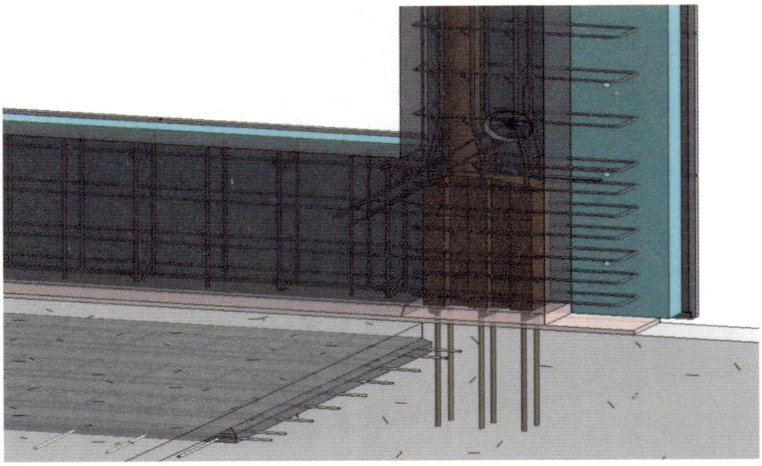

纵肋叠合体系转换层节点 1

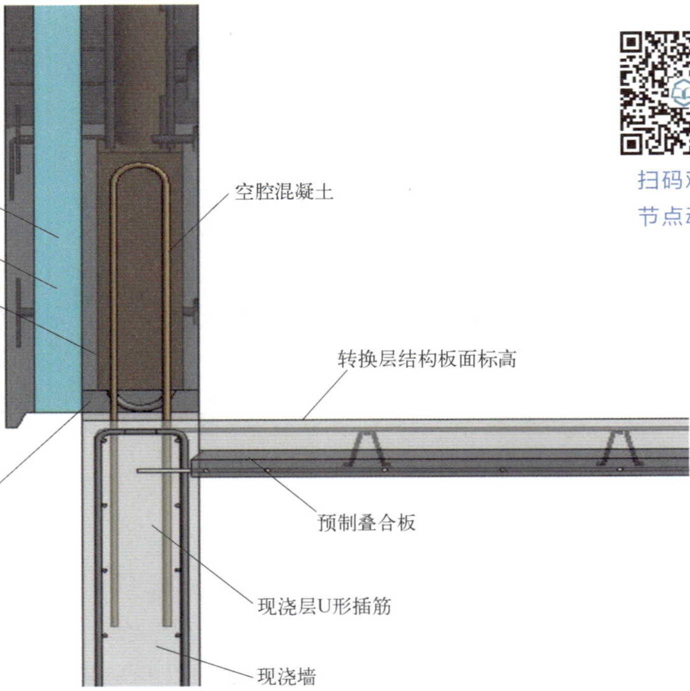

纵肋叠合体系转换层节点（剖面图）

扫码观看
节点动画

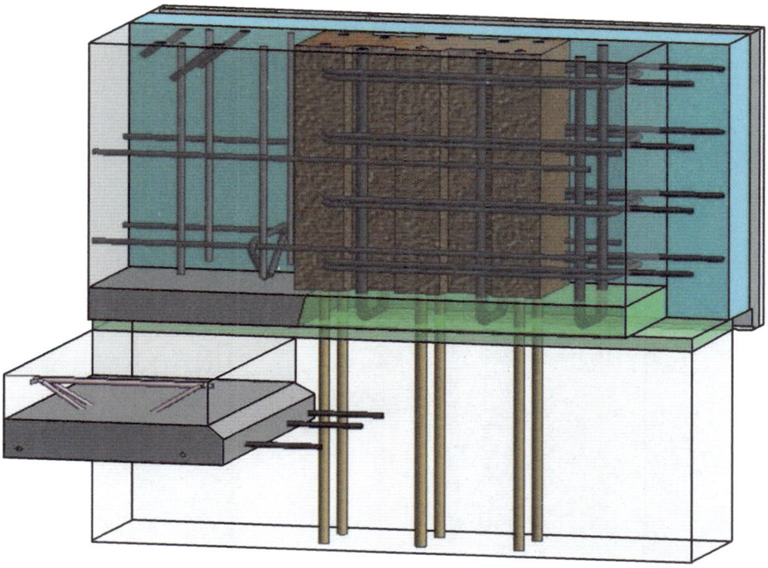

纵肋叠合体系转换层节点 2

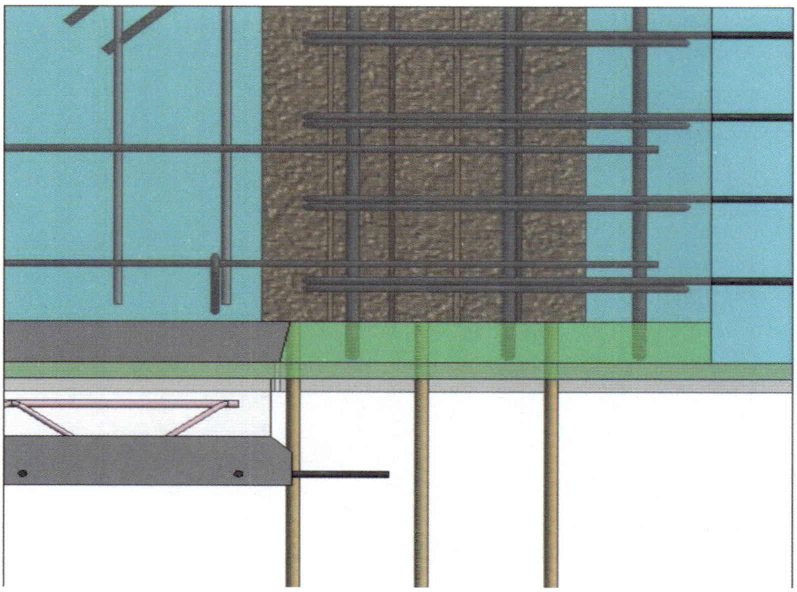

纵肋叠合体系转换层节点 3

6.4 施工后浇节点

6.4.1 预制墙体暗柱施工节点

预制墙体暗柱施工节点 1

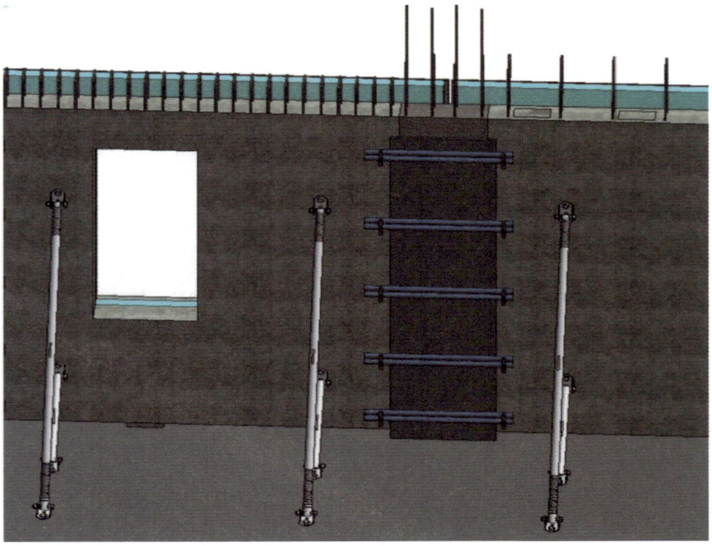

预制墙体暗柱施工节点 2

▲说明：预制墙体暗柱部位的施工顺序为：①安装接缝处保温和丁基胶带；②安装水平箍筋；③安装竖向钢筋；④安装模板并固定；⑤浇筑混凝土。

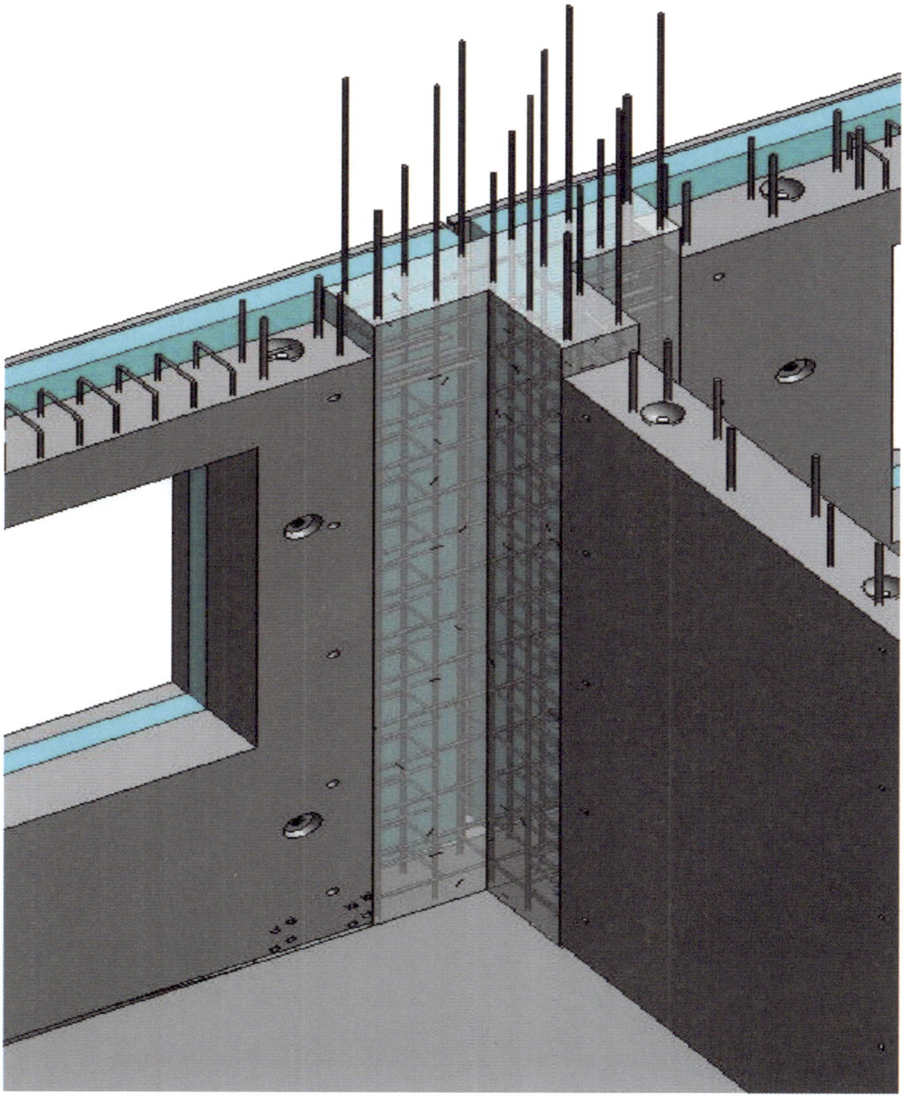

预制墙体暗柱施工节点 3

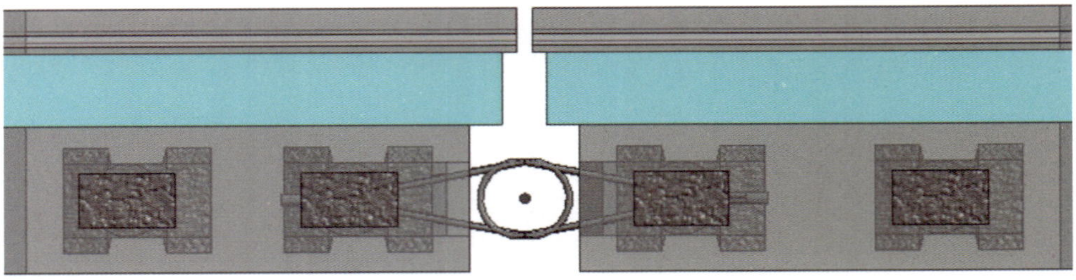

竖向构件连接节点（俯视图）

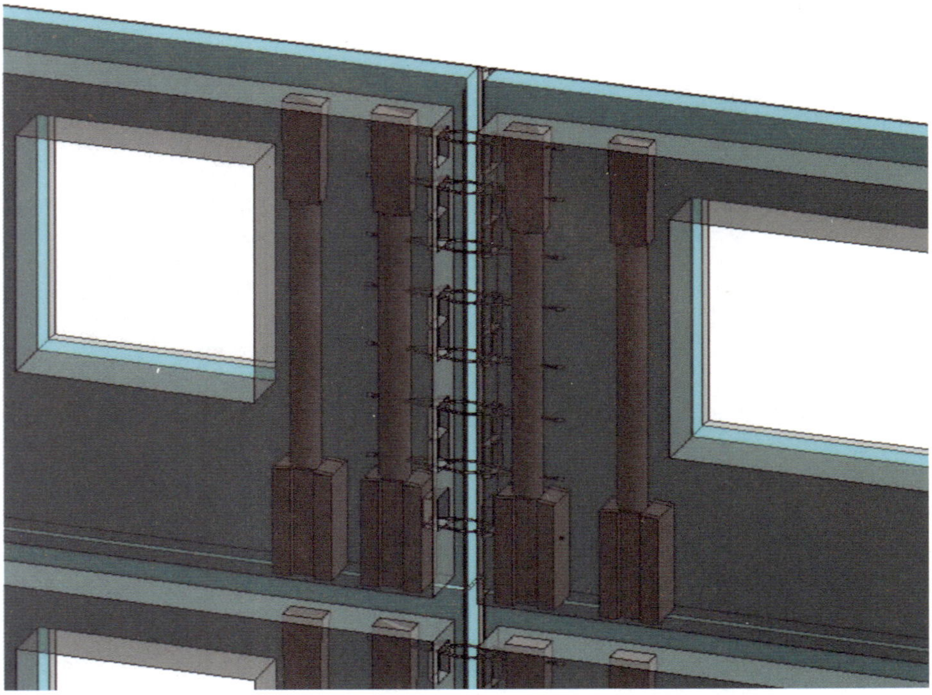

竖向构件连接节点

6.4.2　叠合板现浇板带施工节点

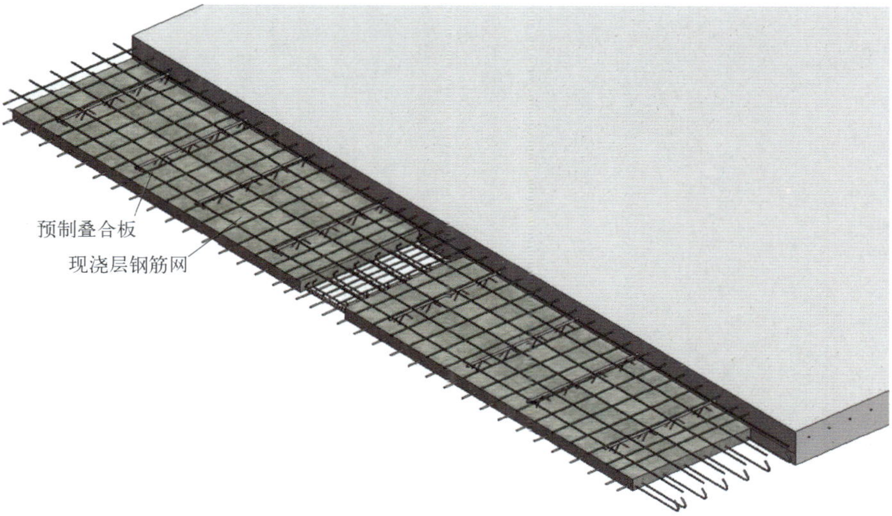

叠合板现浇板带施工节点 1

扫码观看
节点动画

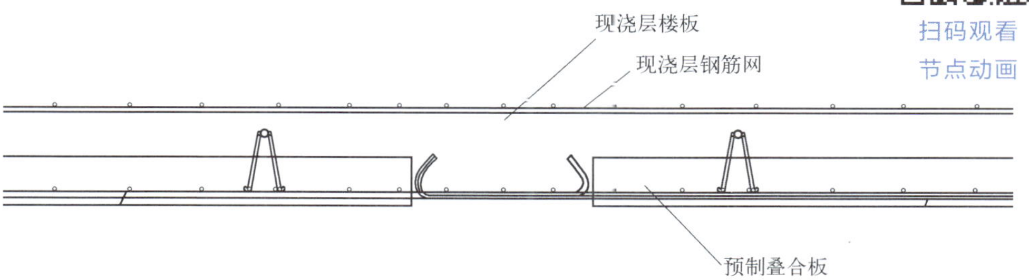

叠合板现浇板带施工节点 2

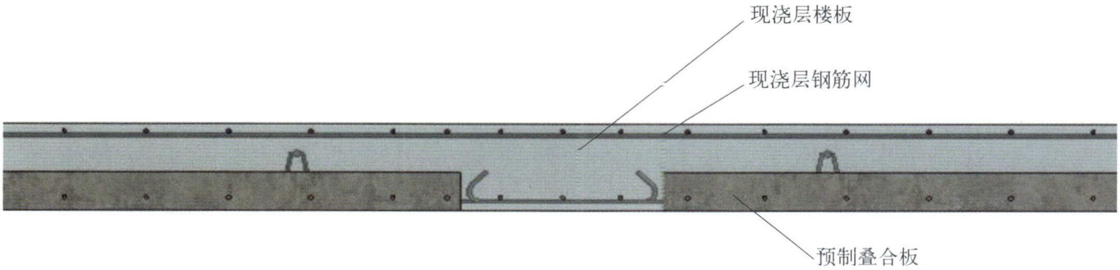

叠合板现浇板带施工节点 3

▲**说明：** 叠合板板带部位建议采用吊模施工，注意施工顺序应为：①安装吊模；②安装板带部位钢筋；③安装机电管线；④浇筑混凝土。

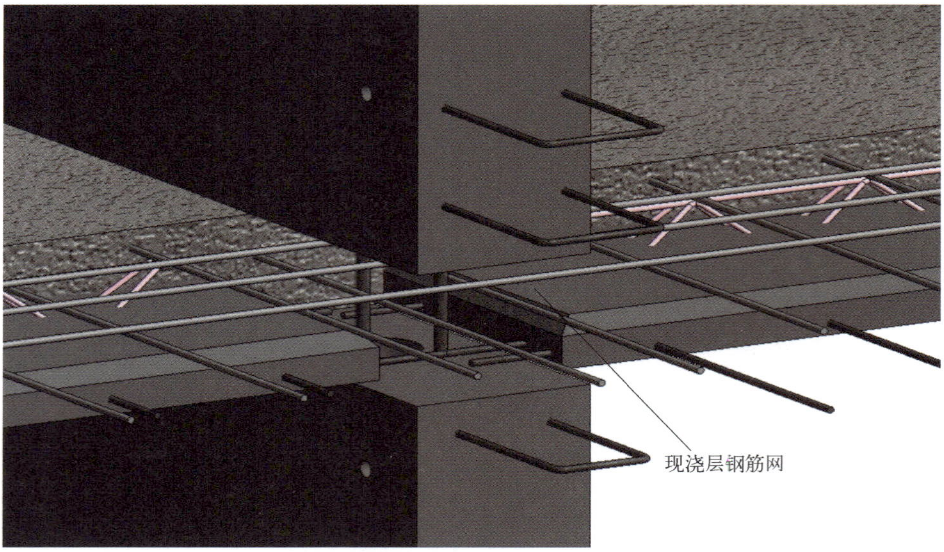

叠合板现浇板带施工节点 4

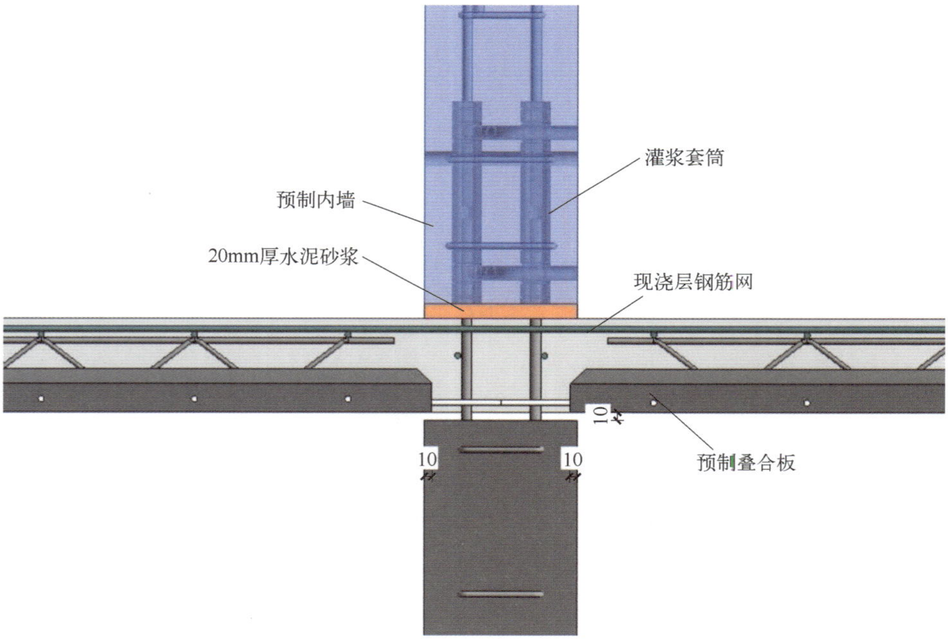

叠合板现浇板带施工节点 5

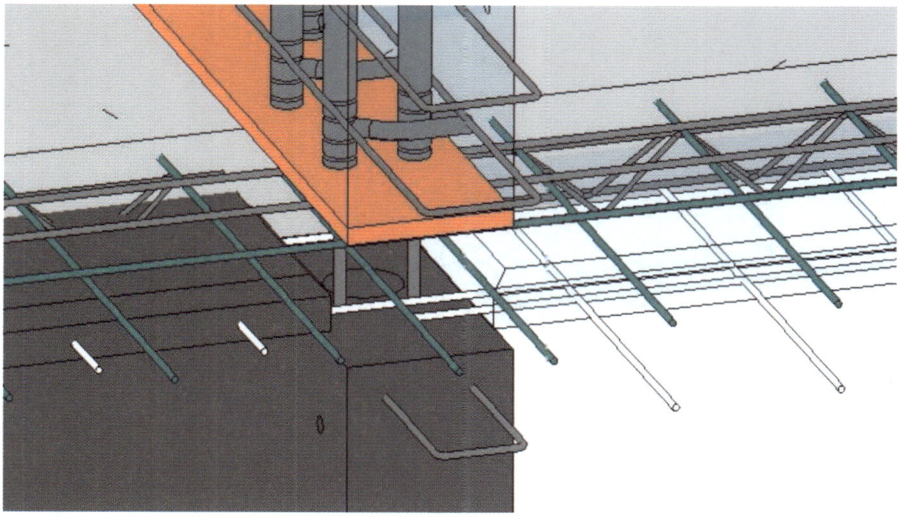

叠合板现浇板带施工节点 6

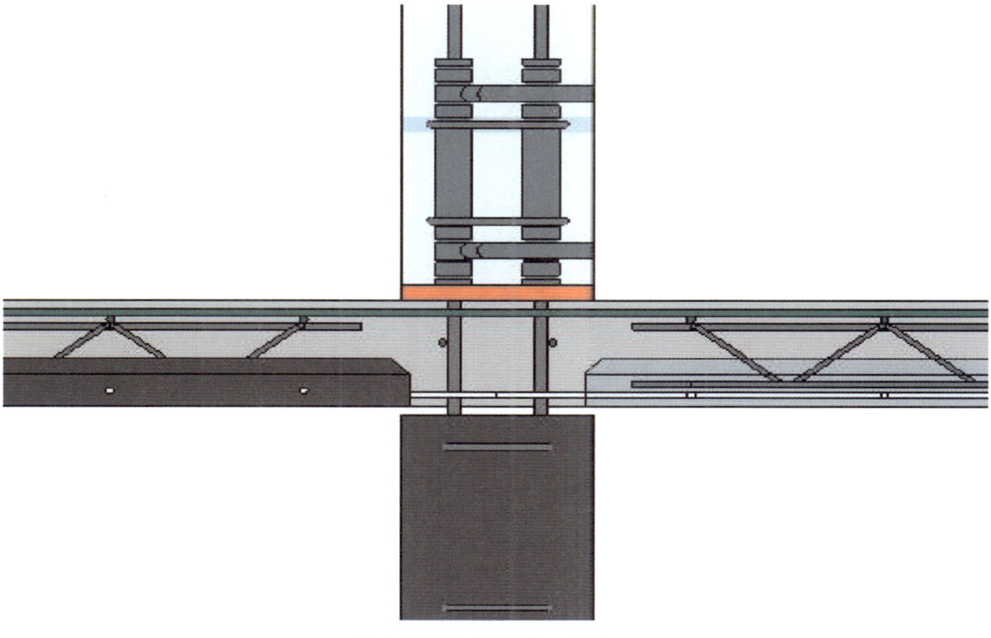

叠合板现浇板带施工节点 7

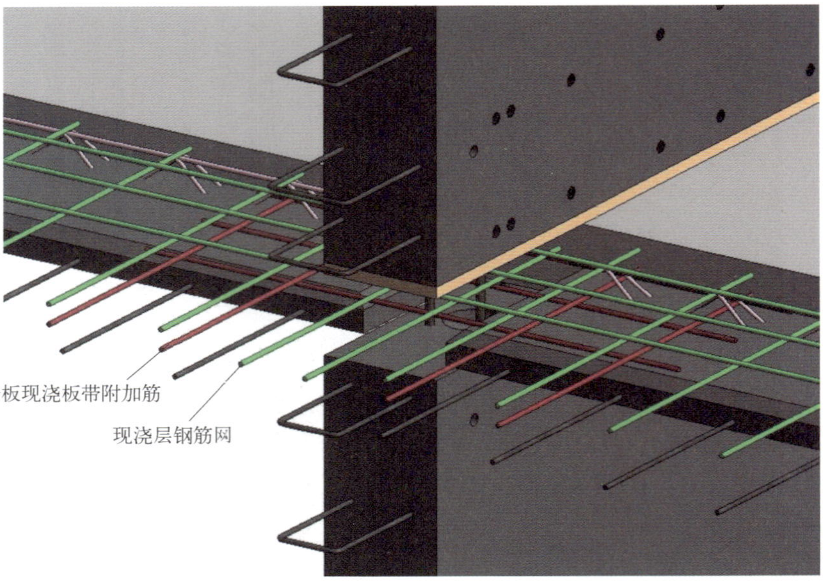

叠合板现浇板带施工节点 8

扫码观看
节点动画

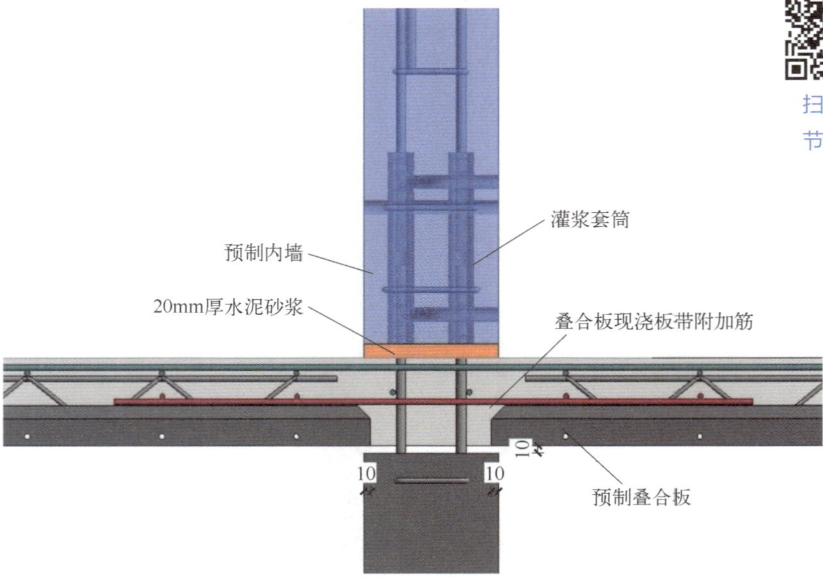

叠合板现浇板带施工节点 9

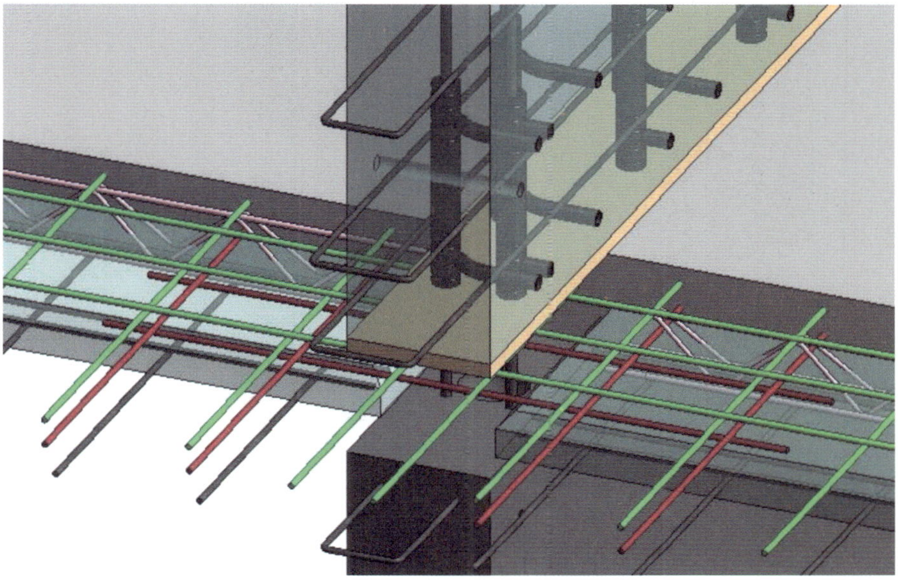

叠合板现浇板带施工节点 10

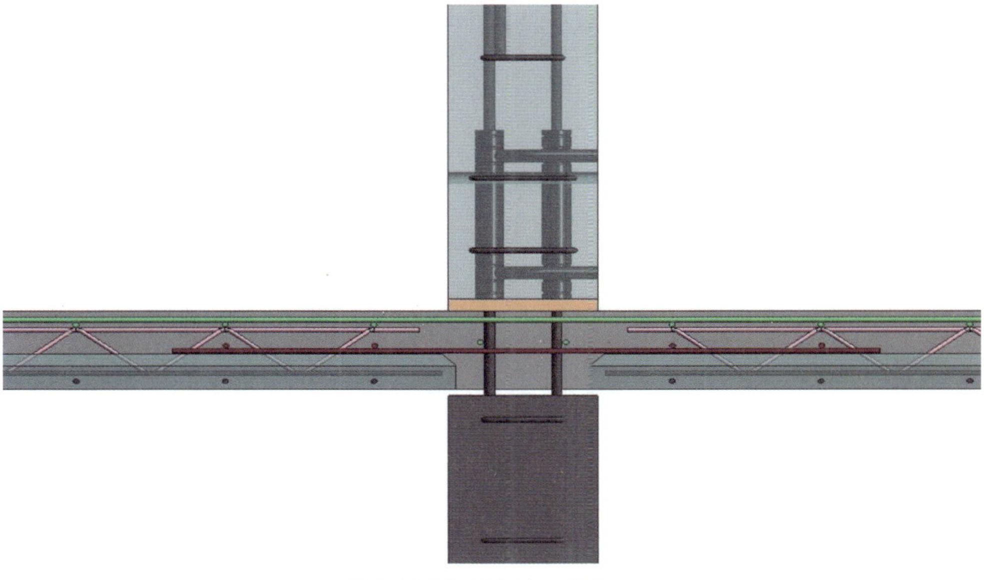

叠合板现浇板带施工节点 11

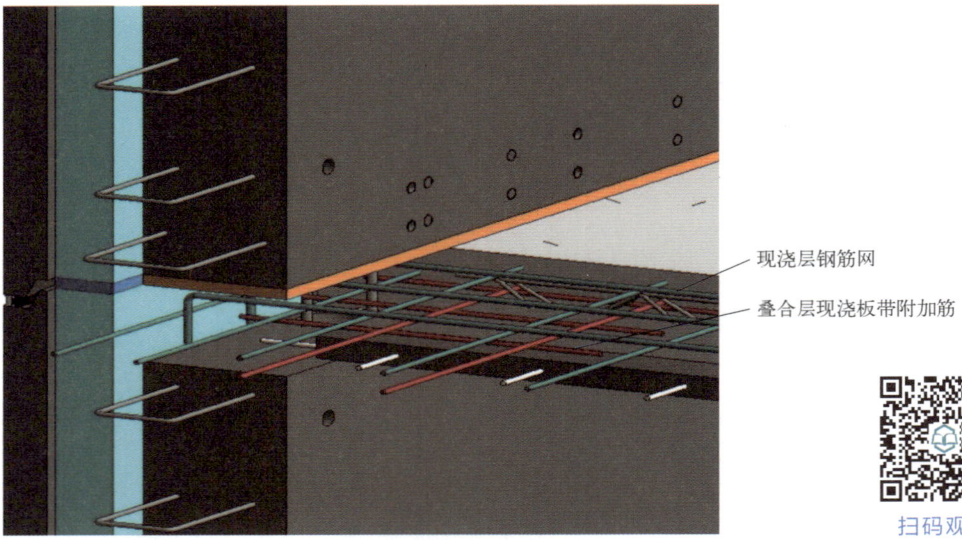

扫码观看
节点动画

叠合板现浇板带施工节点 12

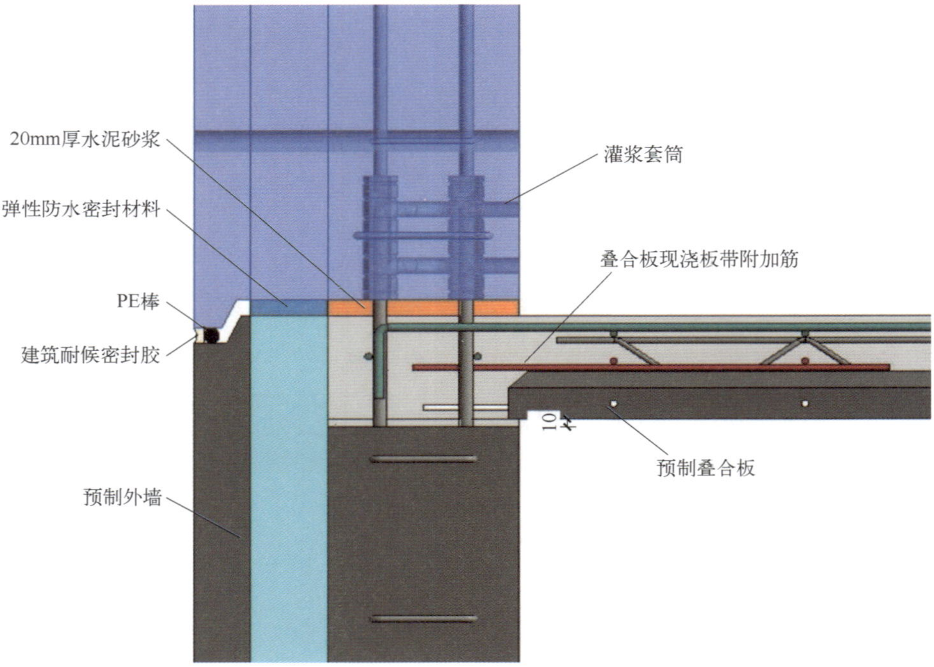

叠合板现浇板带施工节点 13

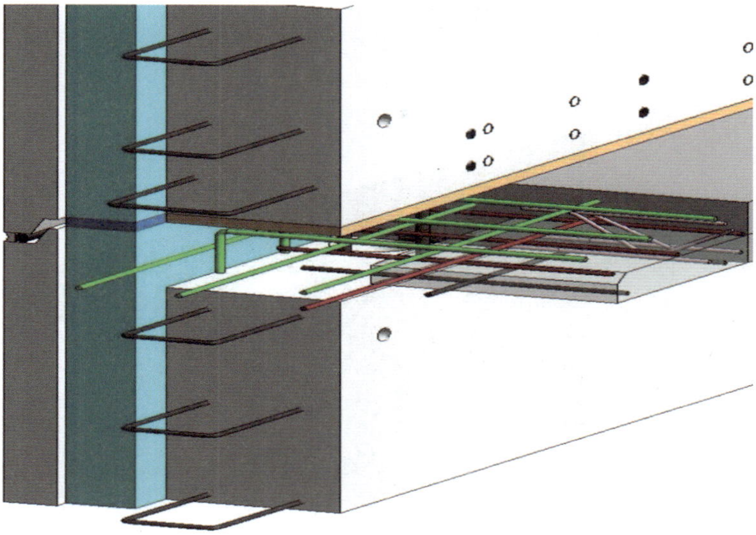

叠合板现浇板带施工节点 14

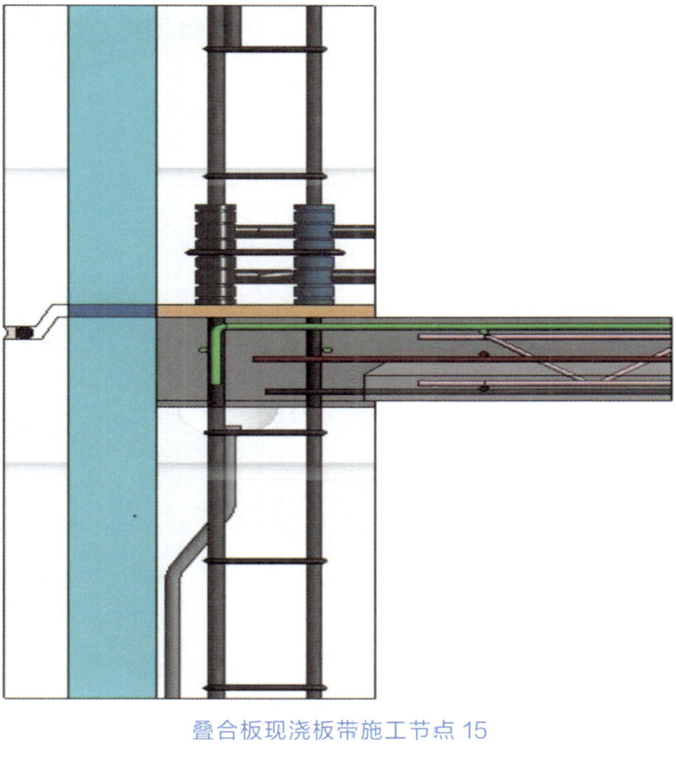

叠合板现浇板带施工节点 15

6.5 其他构件施工连接节点

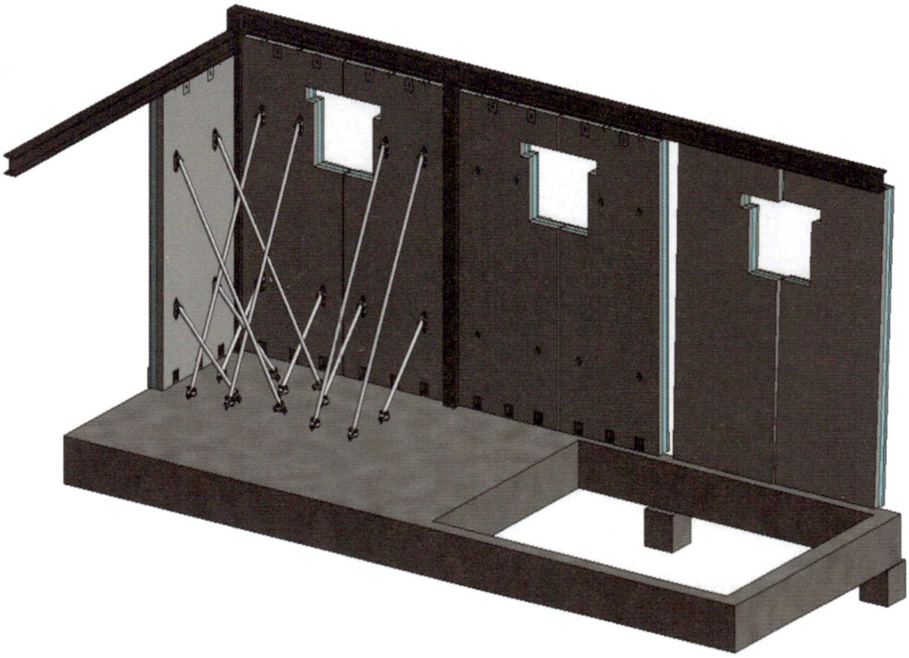

有梁情况下竖向构件安装施工节点

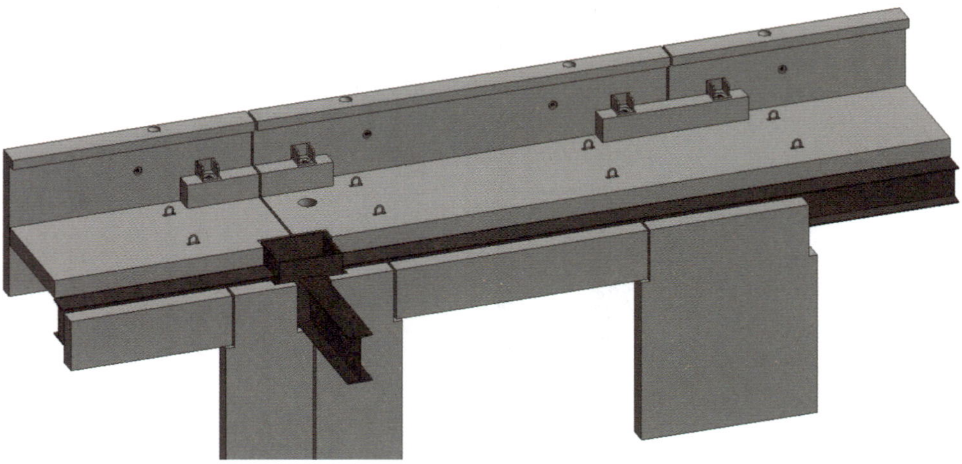

阳台与栏板连接节点

预制外墙与阳台板连接节点示意 1

预制外墙与阳台板连接节点示意 2

▲说明： 水平悬挑构件安装前需搭设支撑架体，预制构件安装就位后应将构件受力钢筋及时与主体结构楼板钢筋连接并应满足连接强度。

预制外墙与空调板连接节点 1

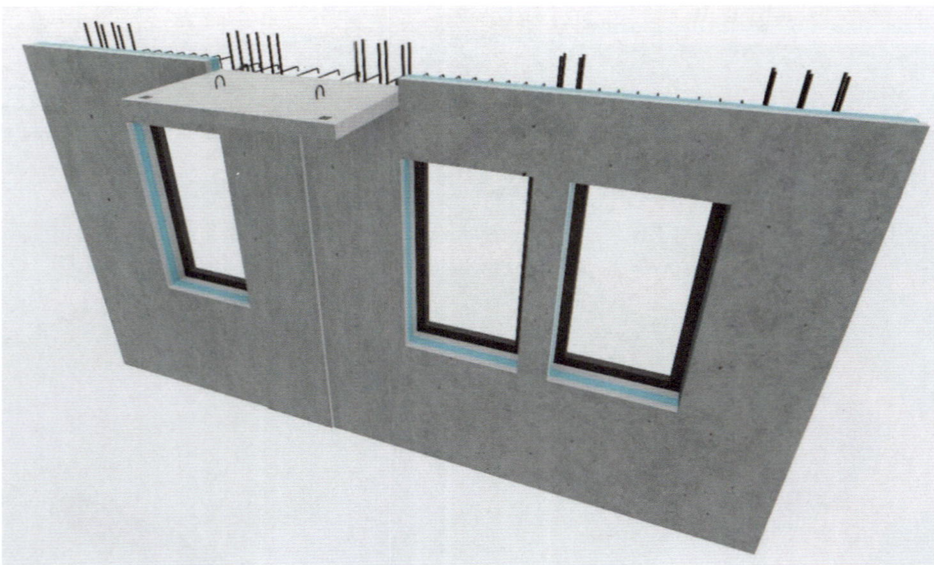

预制外墙与空调板连接节点 2

预制外墙与空调板连接节点 3

预制外墙与空调板连接节点 4

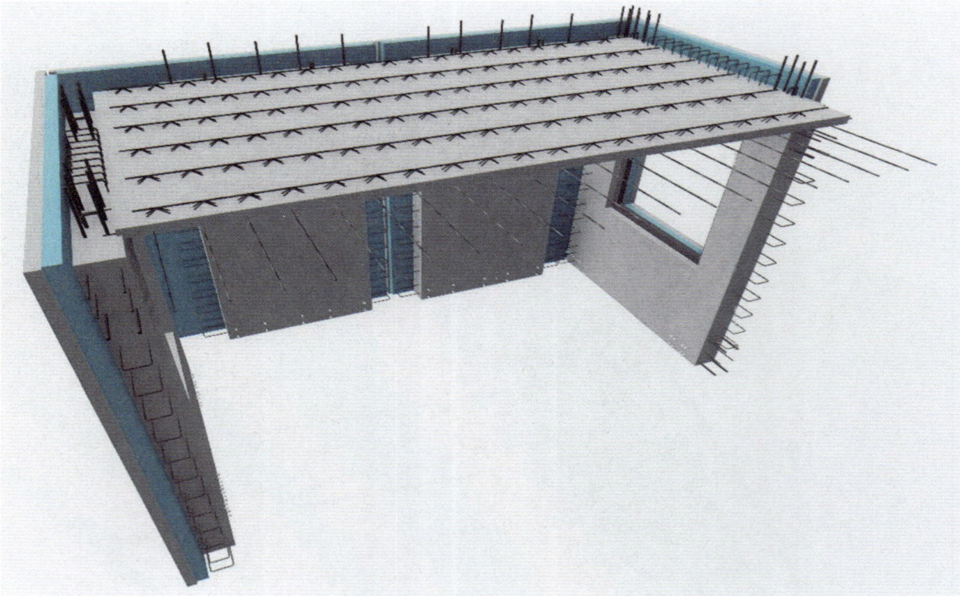

预制外墙与叠合板连接节点 1

预制外墙与叠合板连接节点 2

▲**说明：**集成阳台安装前，工厂需控制集成阳台的尺寸以及埋件和吊点的位置，施工现场需控制安装精度及预留埋件的位置，确保吊装期间集成构件的平衡以及安装位置的准确。下一层需同时搭设支撑架时，集成阳台受力稳定后方可拆除支撑架，建议支撑架保留四层。

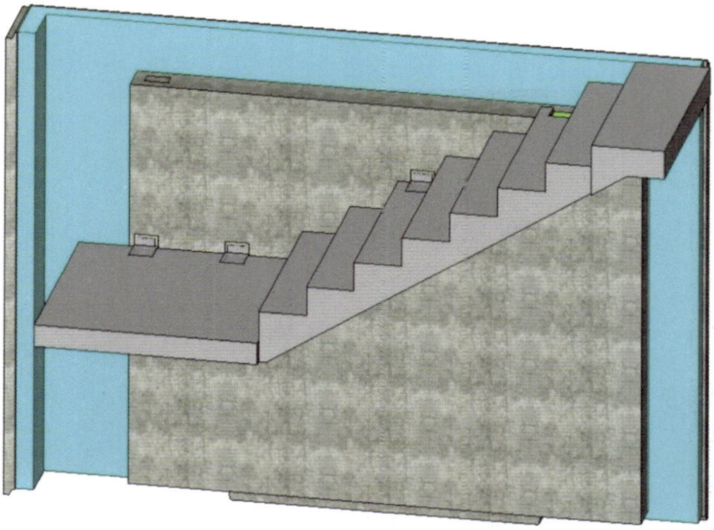

楼梯与外墙板连接节点 1

扫码观看
节点视频

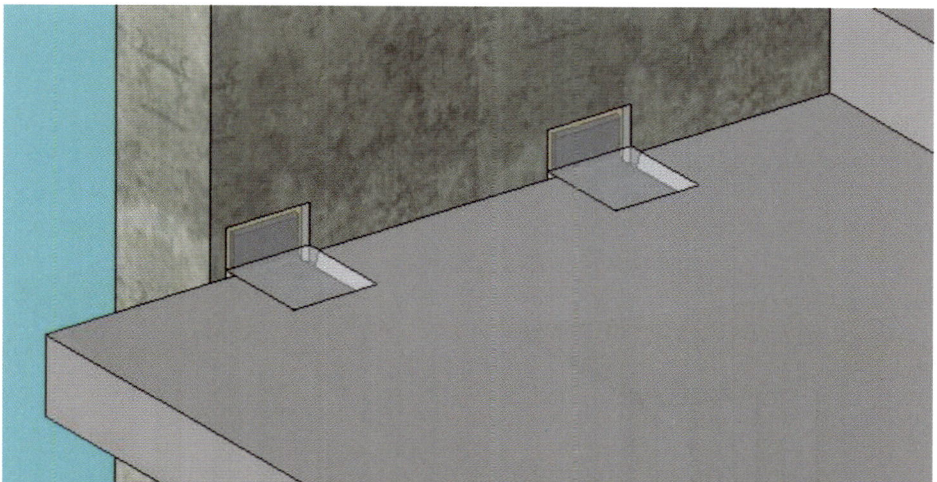

楼梯与外墙板连接节点 2

▲说明：预制楼梯埋板与墙体埋板连接，需在预制楼梯位置校正后采用螺栓连接或焊接，螺栓应紧固或焊缝应连续饱满，且满足连接强度要求。需注意预制楼梯两端的预留销键不可切割。

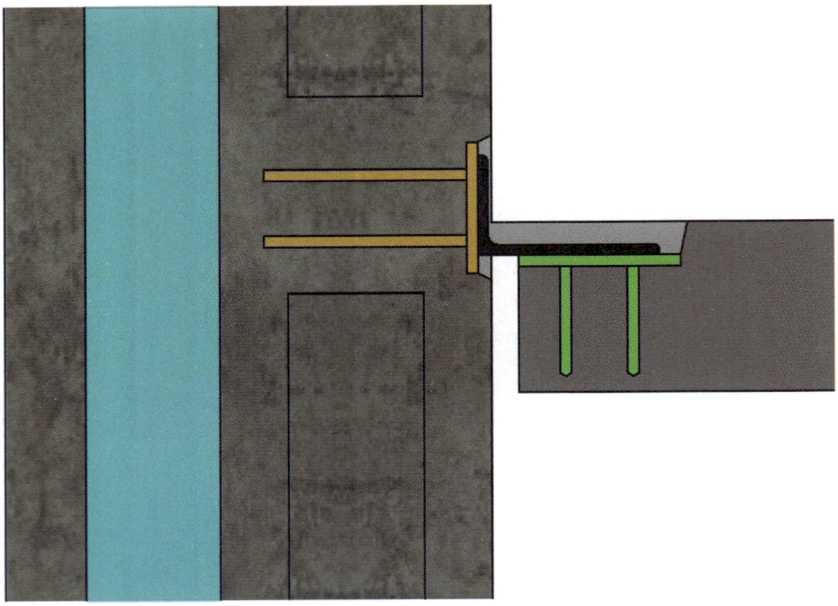

楼梯与外墙板连接节点大样 1

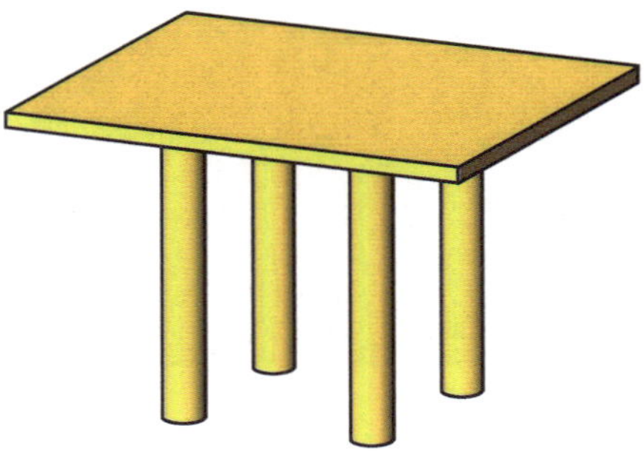

埋件 1

埋件 2

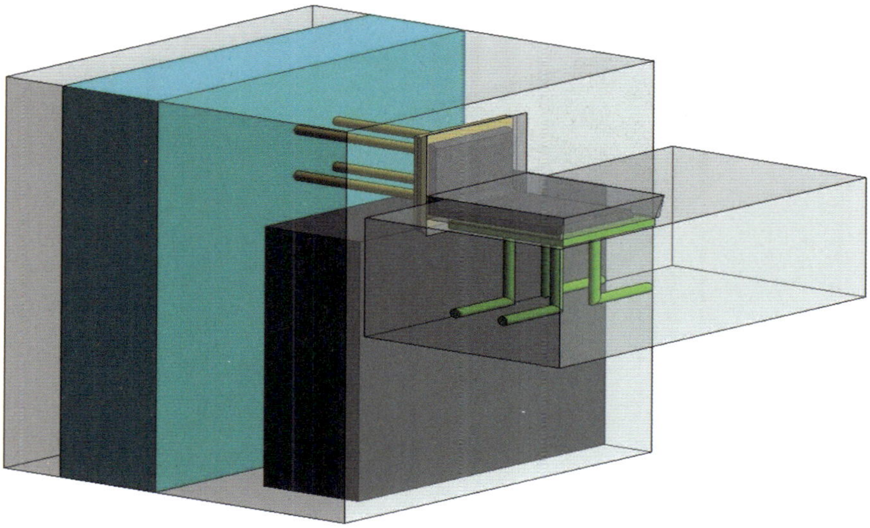

楼梯与外墙板连接节点大样 2

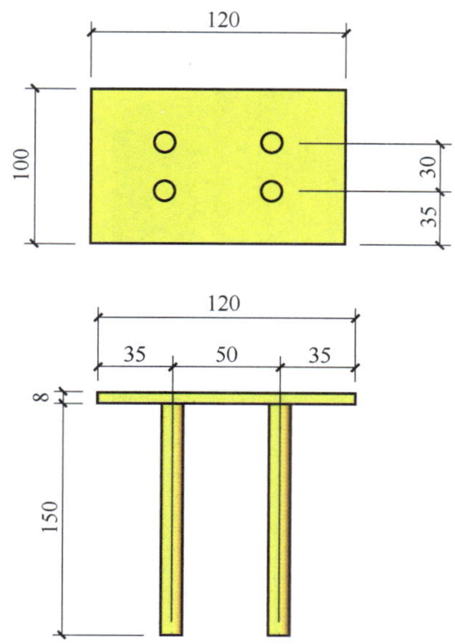

埋件 1

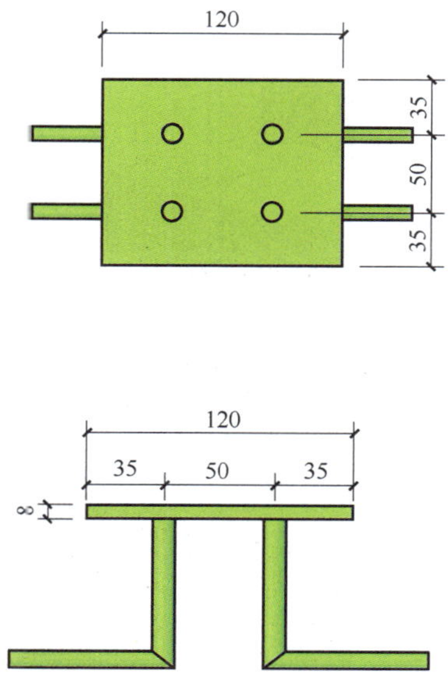

埋件 2

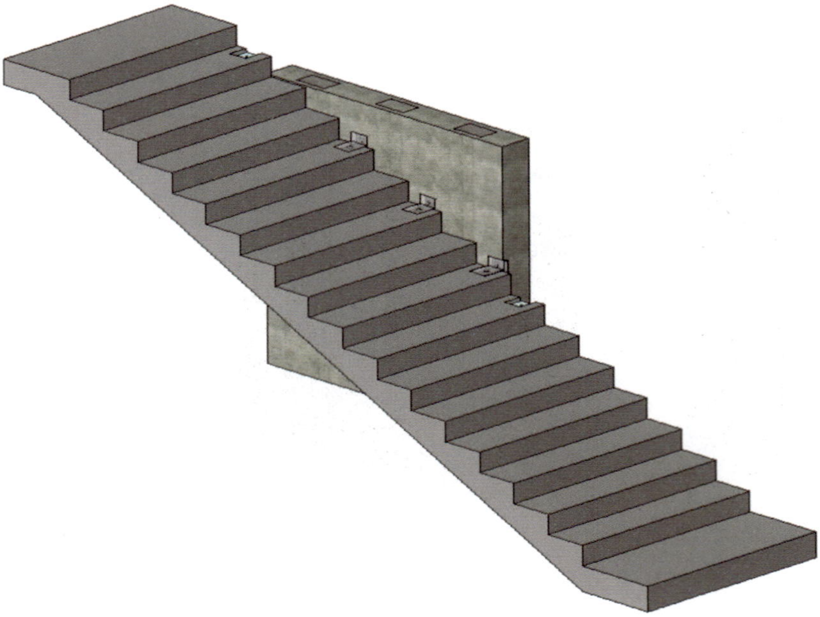

楼梯与外墙板连接节点 1

楼梯与外墙板连接节点 2

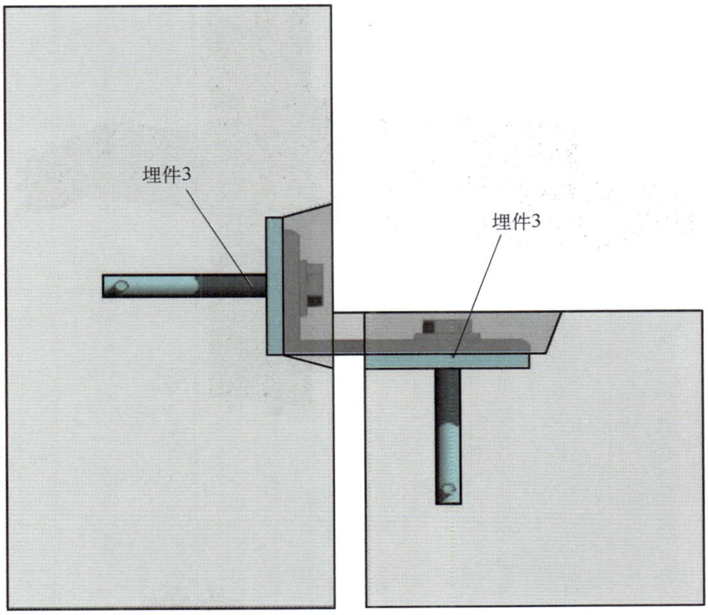

扫码观看
节点动画

楼梯与外墙板连接节点 3

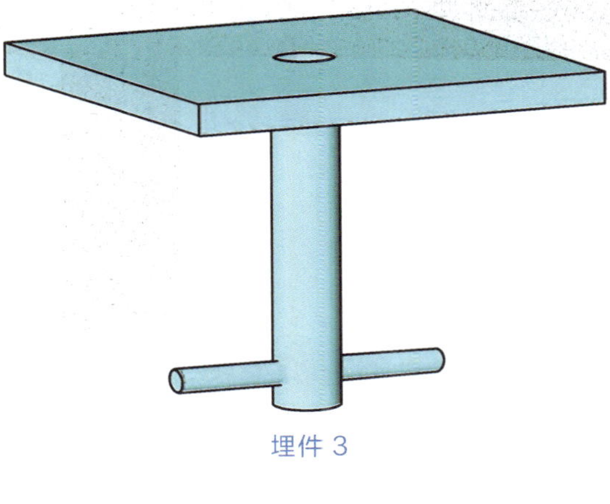

埋件 3

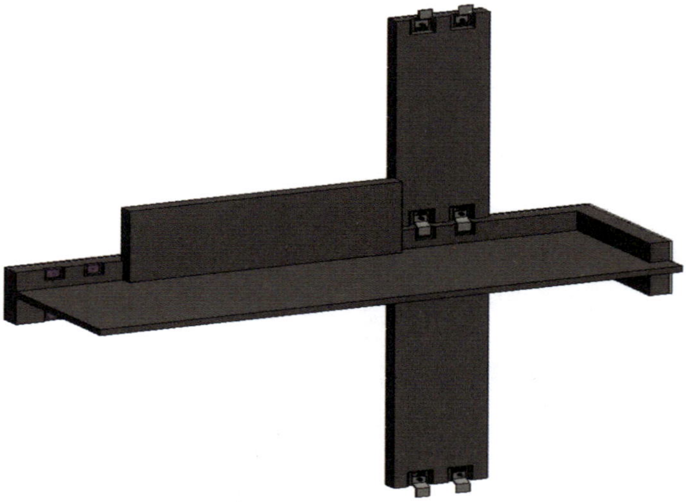

挂板与阳台板连接节点 1

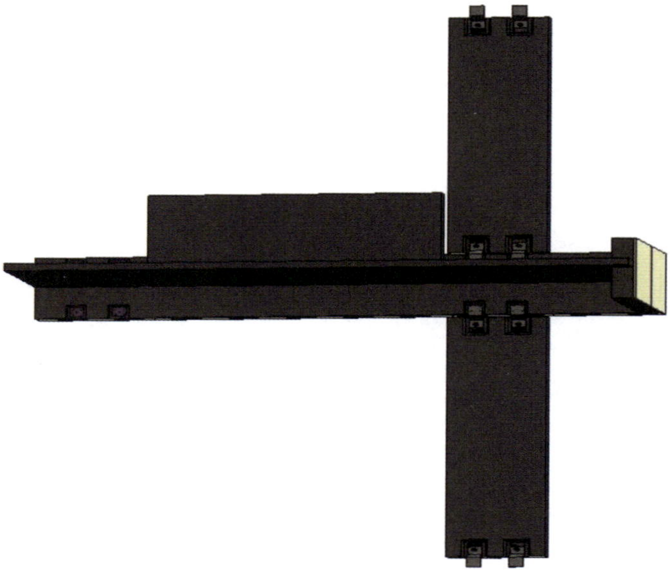

挂板与阳台板连接节点 2

▲**说明：** 挂板安装调平后应及时采用螺栓连接或焊接，并确保连接强度和焊接质量。

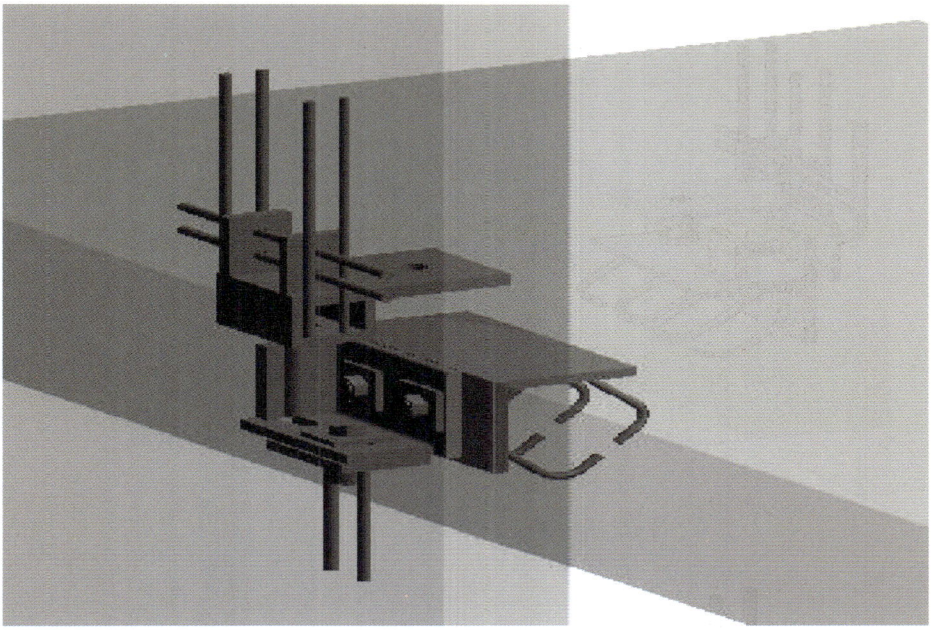

挂板与阳台板连接节点 3

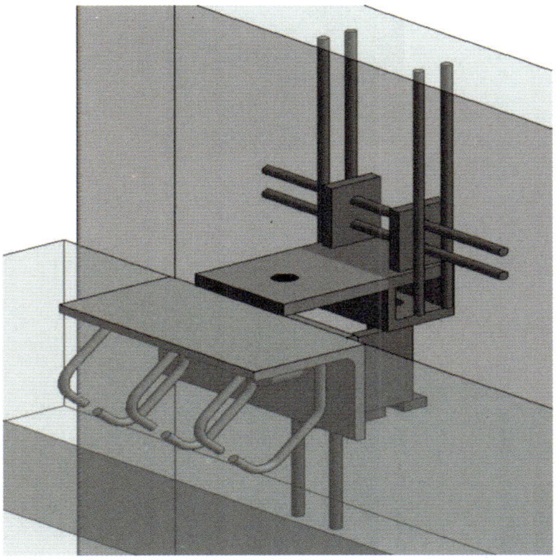

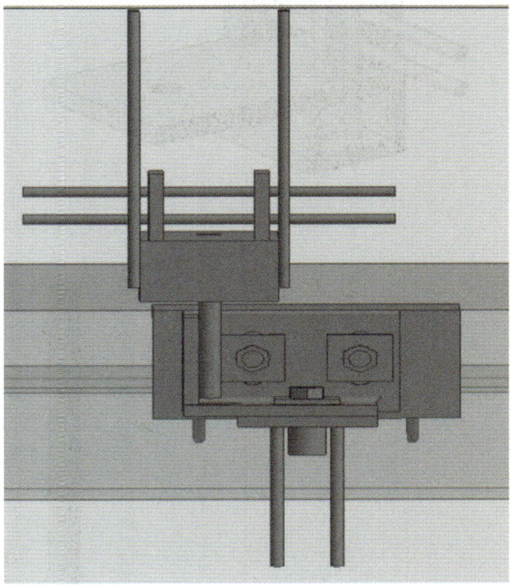

挂板与阳台板连接节点 4

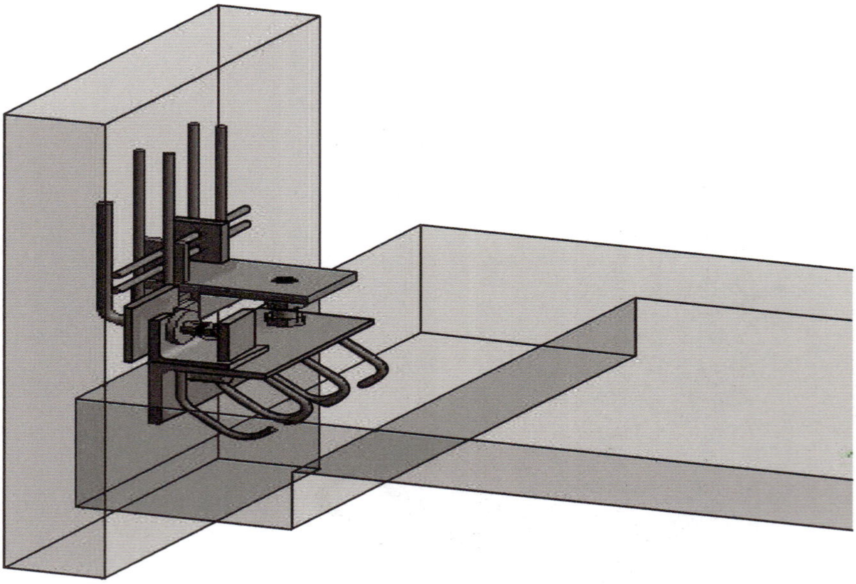

扫码观看
节点动画

挂板与阳台板连接节点 5

埋件 1

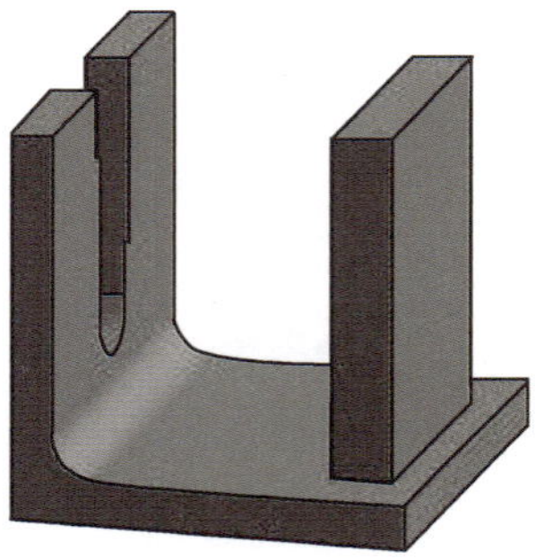

埋件 2

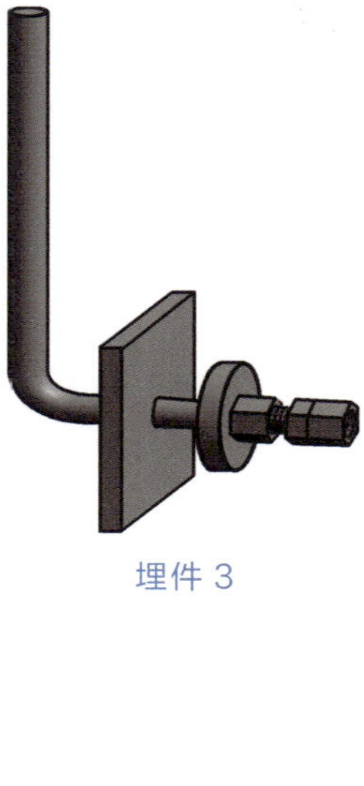

埋件 3

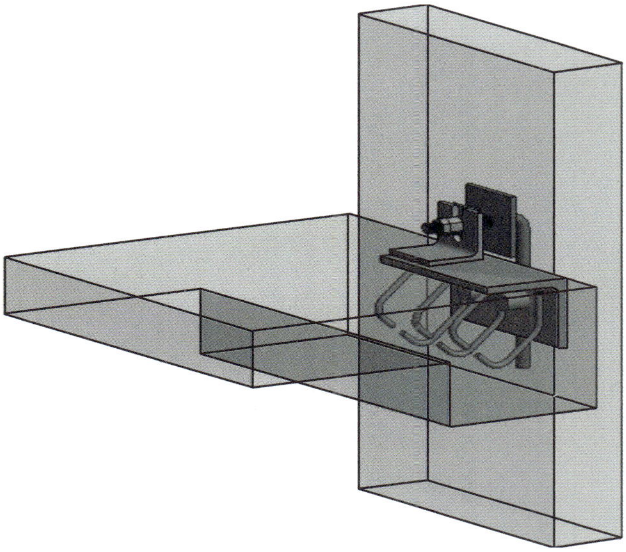

扫码观看
节点动画

挂板与阳台板连接节点 6

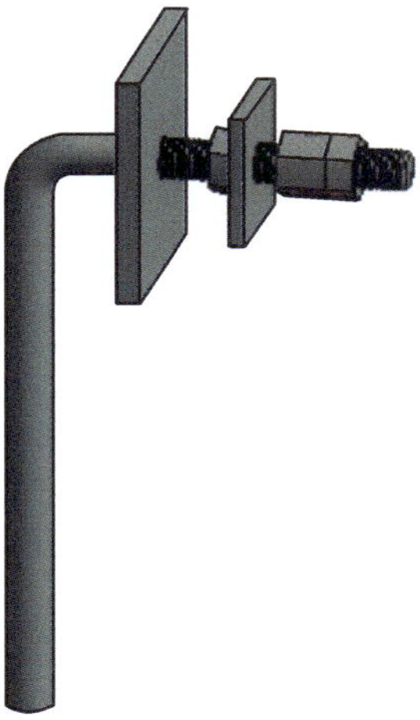

埋件 4

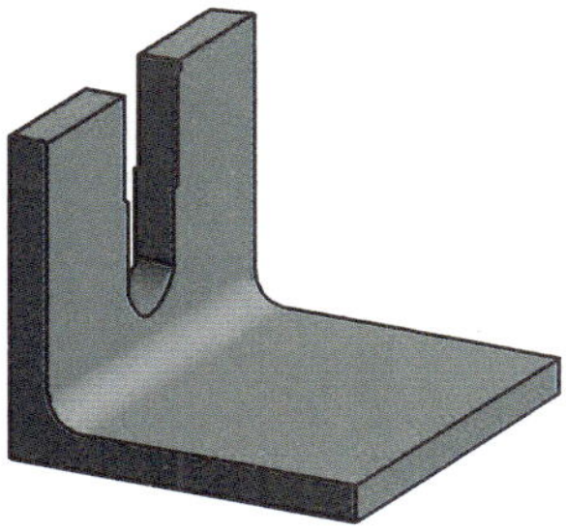

埋件 5

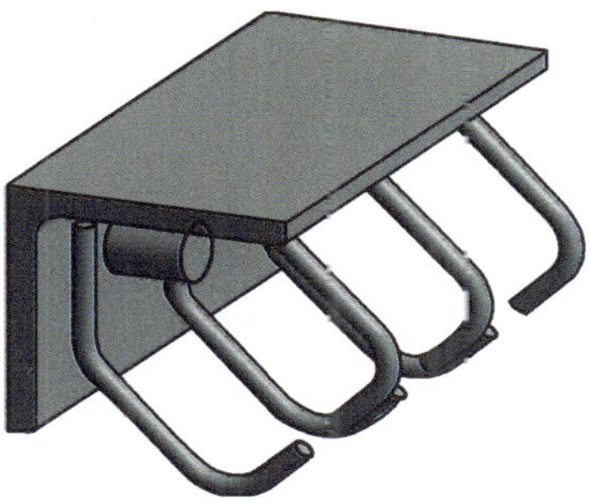

埋件 6

梁与柱连接节点

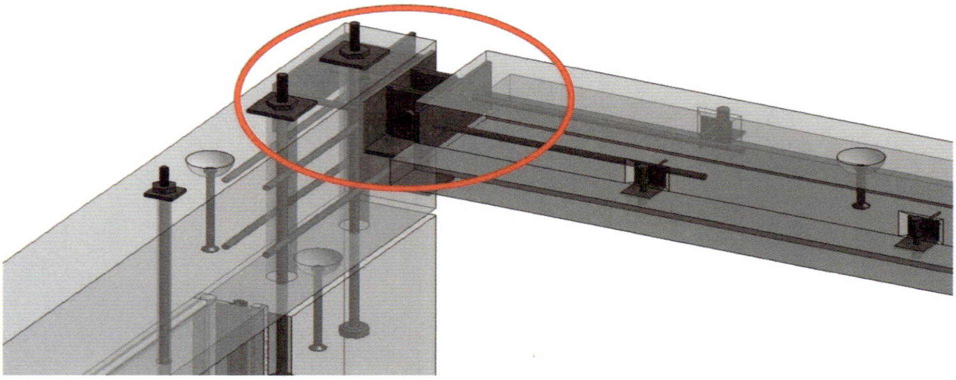

梁与梁连接节点

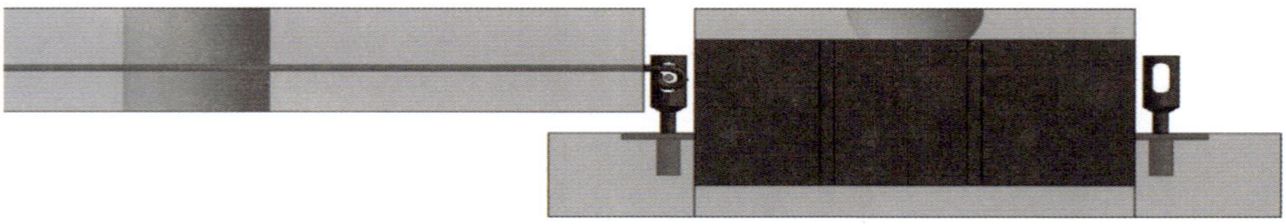

梁与板连接节点

▲说明：梁贯通式框架结构，利用构件间相互咬合、钢筋连接的形式连接，构件预留的钢筋间隙小，因此构件尺寸偏差要小，构件安装位置应准确。

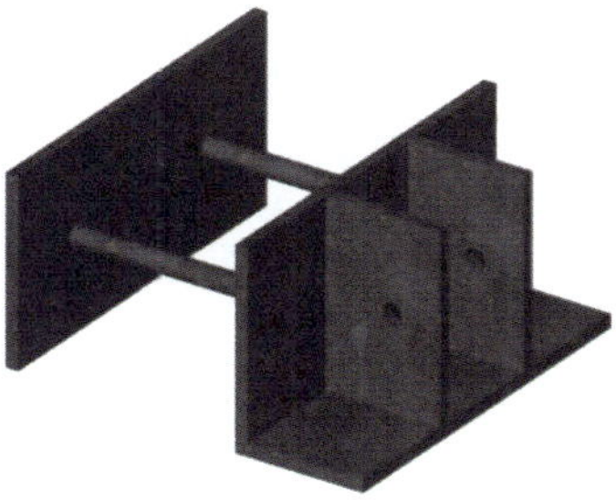

埋件 1

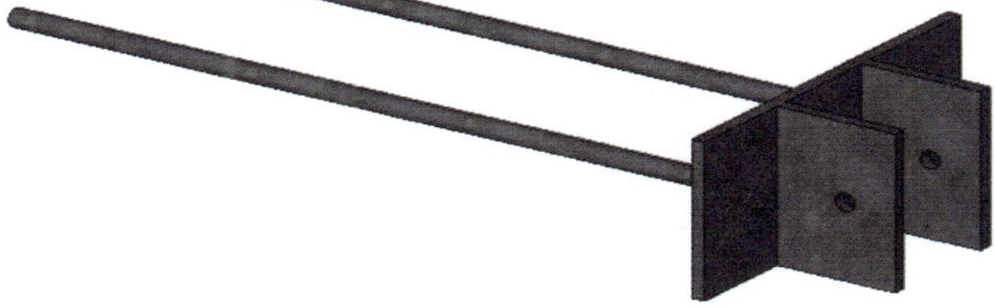

埋件 2

埋件 3

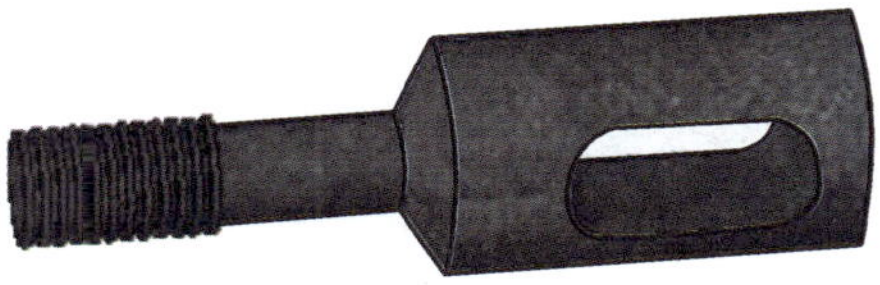

埋件 4

埋件 5

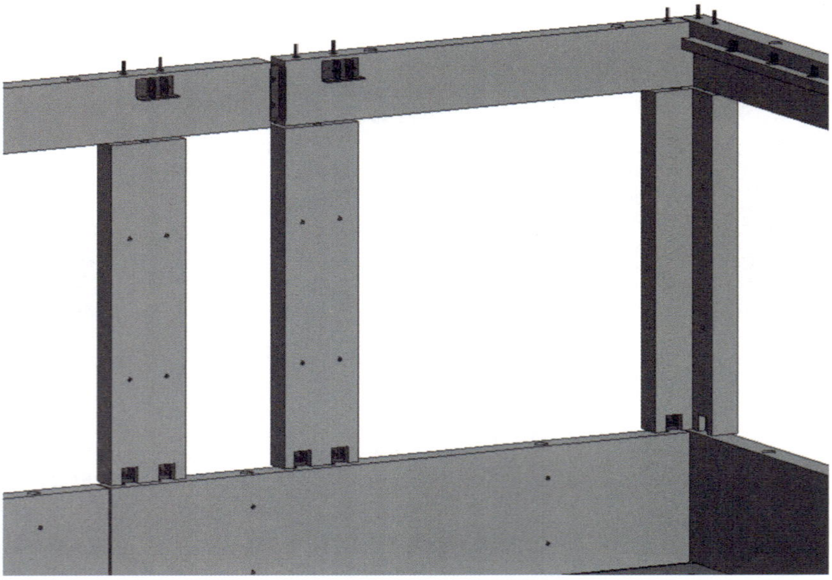

基础与柱连接节点（轴测图）

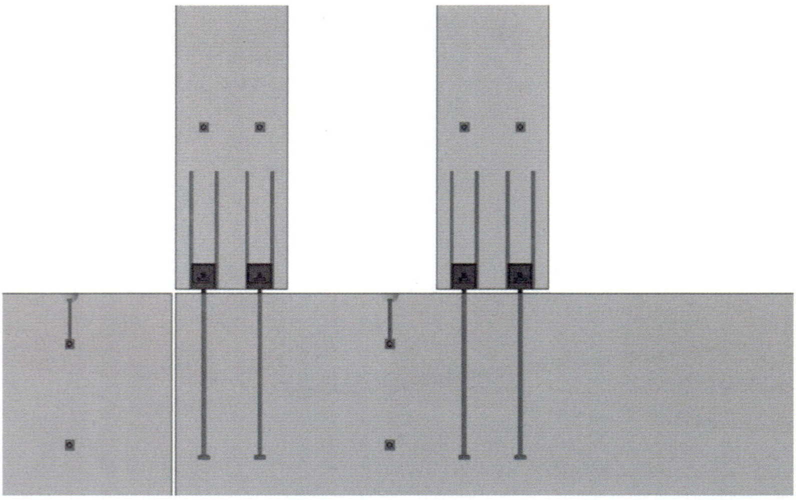

基础与柱连接节点（剖面图）

梁与梁的连接节点 1

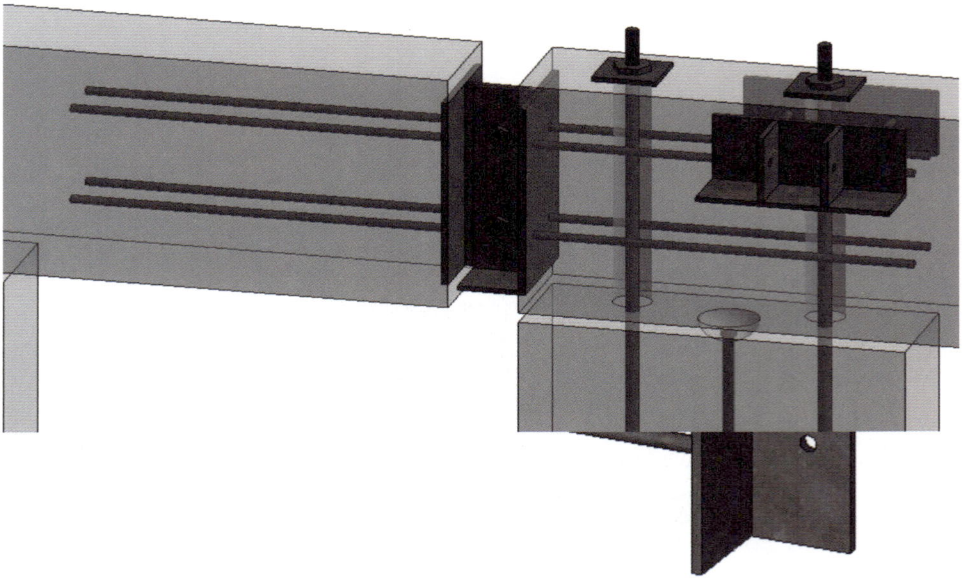

梁与梁的连接节点 2

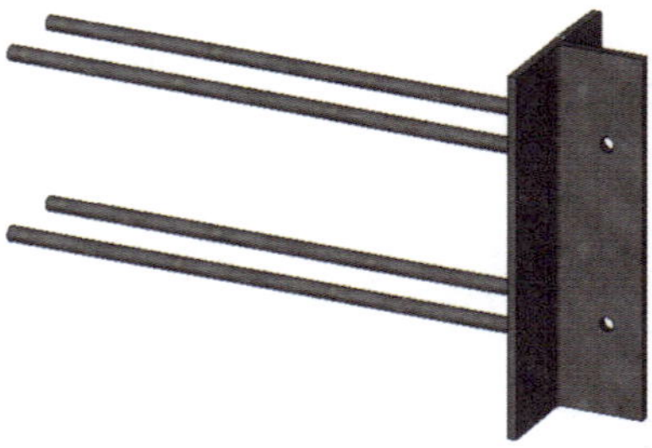

埋件 1

埋件 2

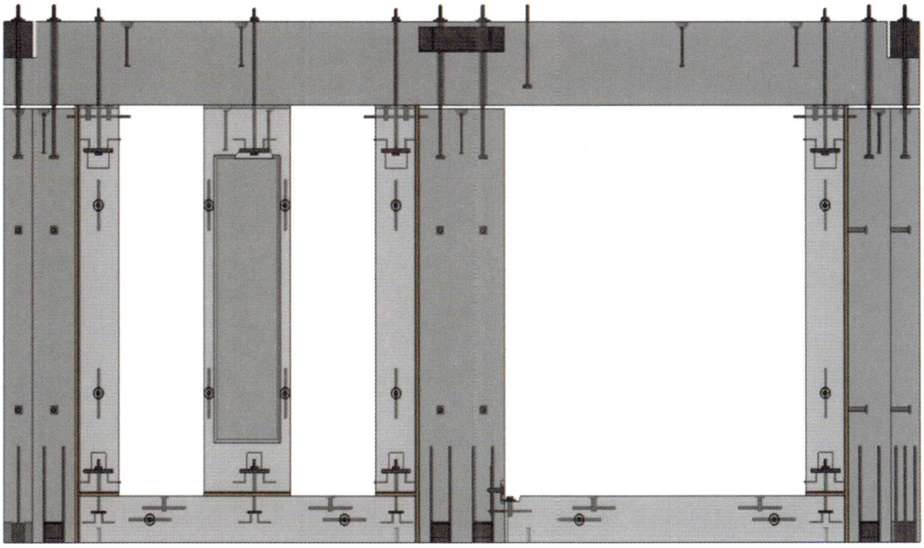

梁与挂板、柱连接节点（剖面图）

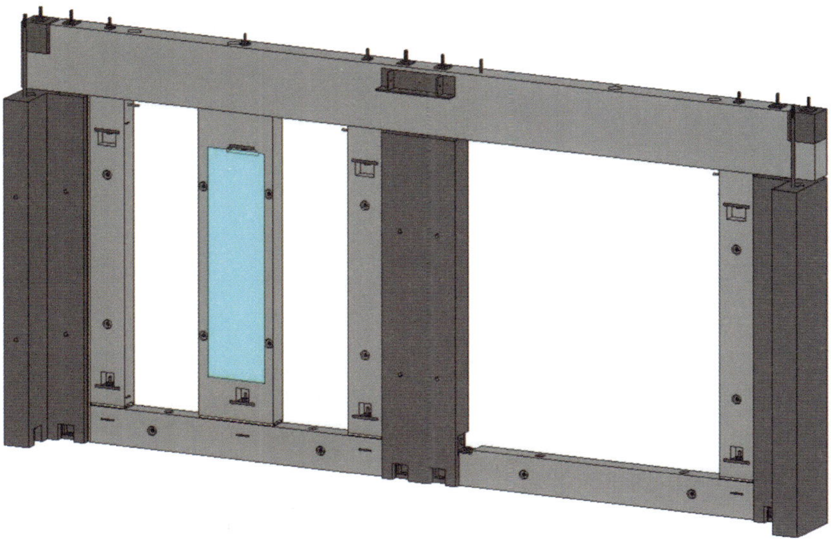

梁与挂板、柱连接节点（轴测图）

埋件 1

埋件 3

埋件 2

埋件 4

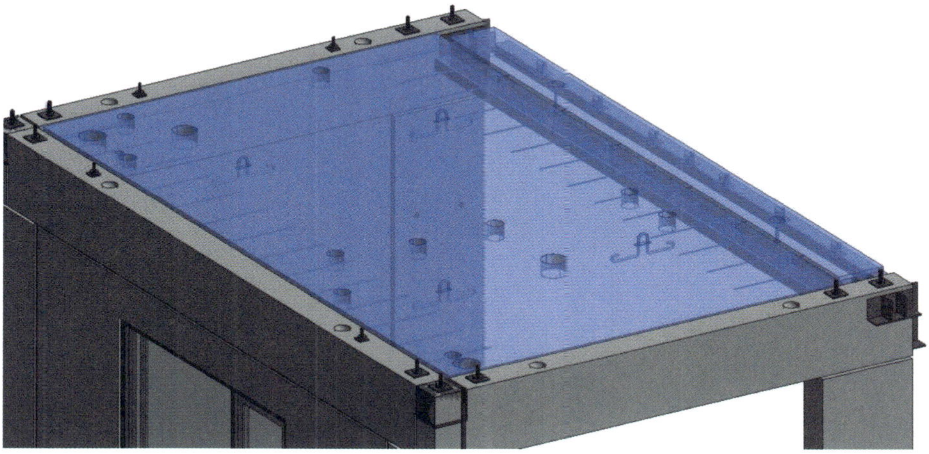

板与梁连接节点

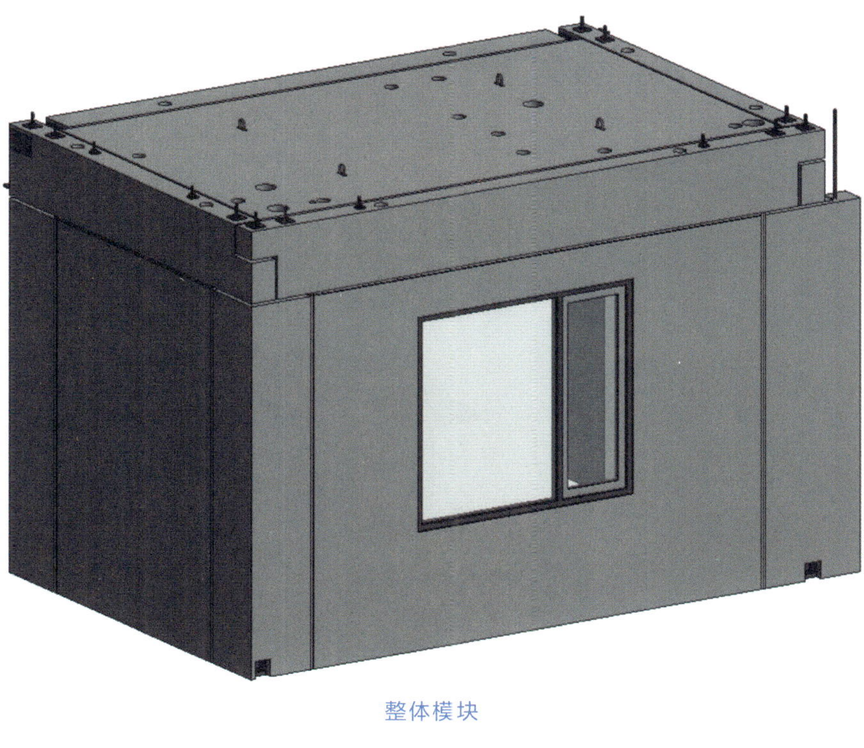

整体模块

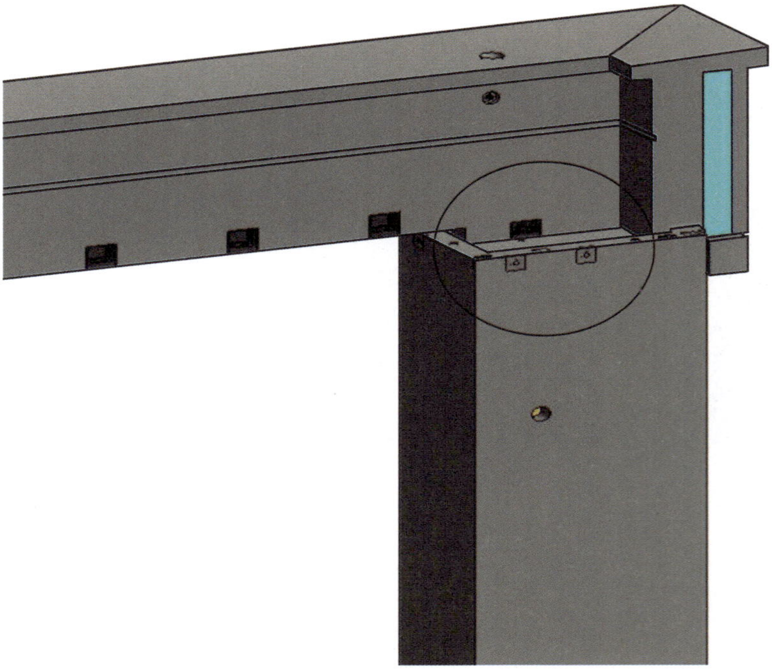

空调仓和女儿墙连接节点 1

埋件 1

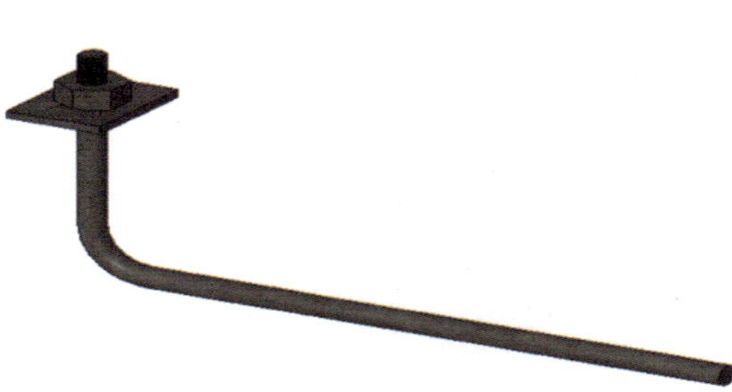

埋件 2

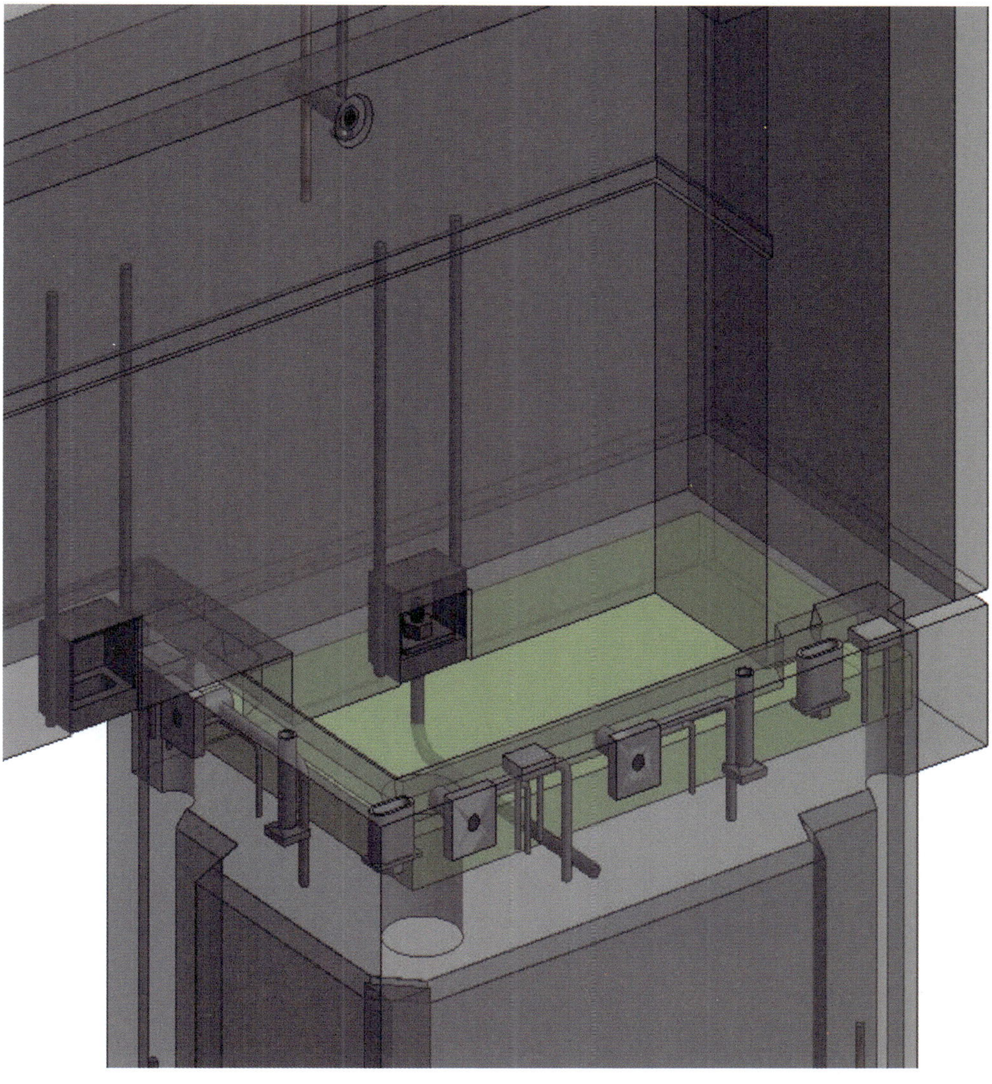

空调仓和女儿墙连接节点 2

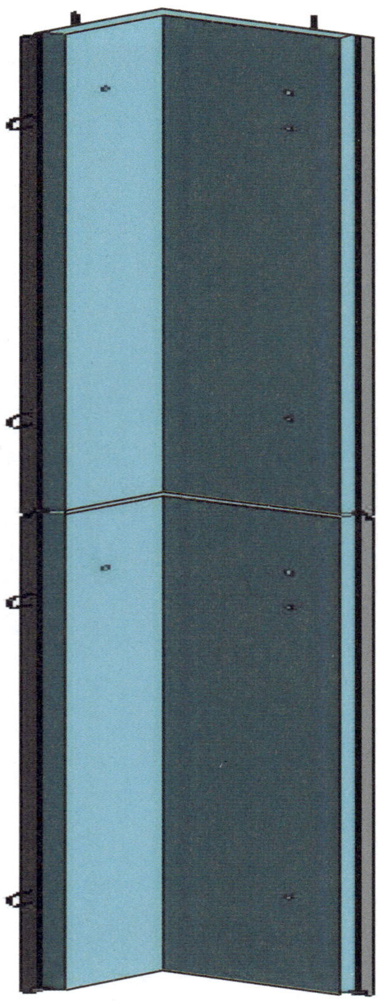

PCF 板连接节点

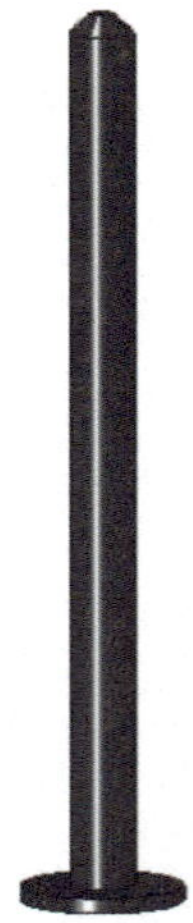

埋件 1

埋件 2

扫码观看

节点动画

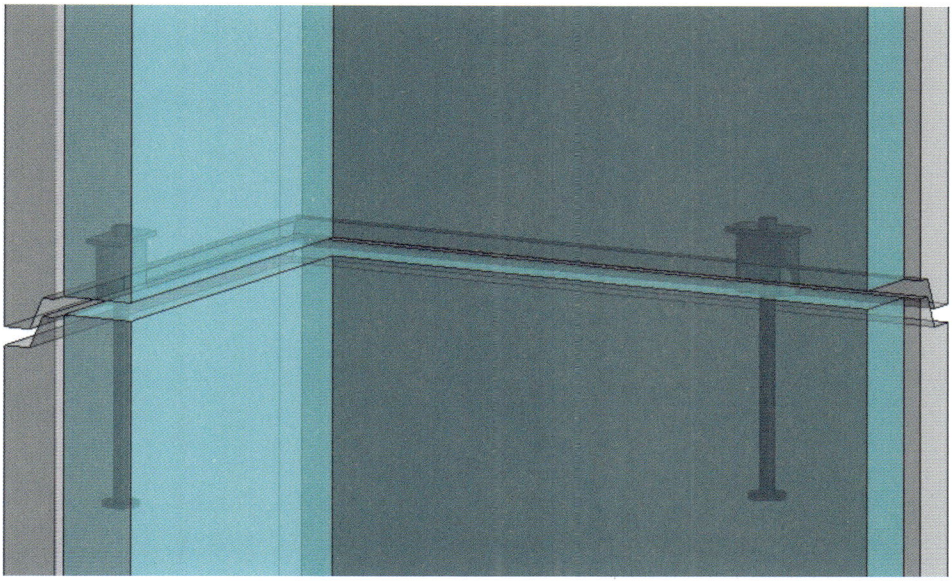

PCF 板连接节点展示 1

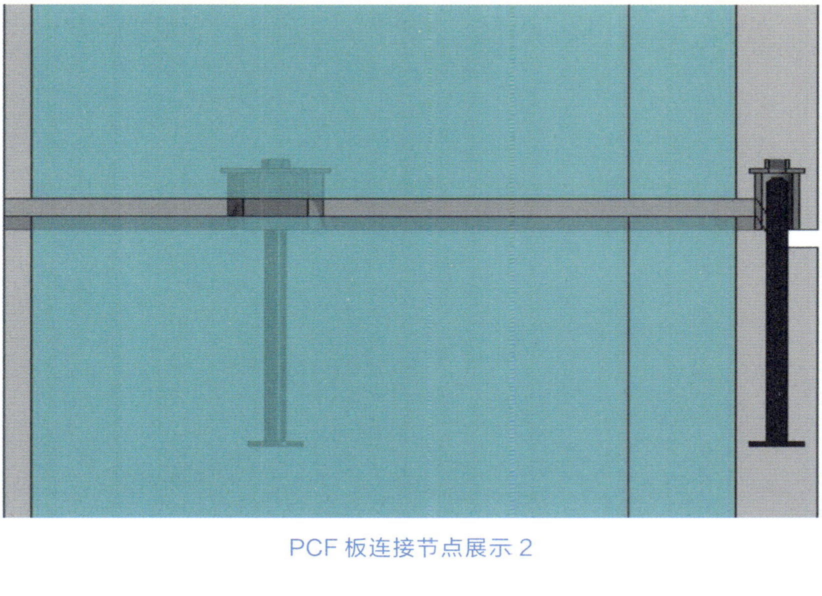

PCF 板连接节点展示 2

参考文献

［1］ JGJ 1—2014. 装配式混凝土结构技术规程.

［2］ GB/T 51231—2016. 装配式混凝土建筑技术标准.

［3］ 北京市保障性住房建设投资中心，北京和能人居科技有限公司. 图解装配式装修设计与施工（微视频教学）［M］. 北京：化学工业出版社，2019.